你一定想不到

趣解生命密码系列

生命演化的秘密

尹烨 著　杨子艺 绘

中信出版集团 | 北京

图书在版编目（CIP）数据

生命演化的秘密 / 尹烨著；杨子艺绘. -- 北京：中信出版社,2020.10（2024.6重印）
（你一定想不到. 趣解生命密码系列）
ISBN 978-7-5217-2079-2

Ⅰ. ①生… Ⅱ. ①尹… ②杨… Ⅲ. ①生命科学－儿童读物 Ⅳ. ①Q1-0

中国版本图书馆CIP数据核字(2020)第136786号

生命演化的秘密
（你一定想不到 · 趣解生命密码系列）

著　　者：尹烨
绘　　者：杨子艺
出版发行：中信出版集团股份有限公司
（北京市朝阳区东三环北路 27 号嘉铭中心　邮编　100020）
承 印 者：北京利丰雅高长城印刷有限公司

开　　本：787mm × 1092mm　1/16　　印　　张：33.75　　字　　数：540千字
版　　次：2020年10月第1版　　印　　次：2024年6月第6次印刷
书　　号：ISBN 978-7-5217-2079-2
定　　价：192.00元（全四册）

如果说生命是一套复杂的代码，那么我相信人类的代码中有爱。

愿每一个孩子在生命科学的世界里，发现新的乐趣和方向。

—— 尹烨

序言一

解读生命密码，发现更美好的未来！

尹传红

中国科普作家协会副秘书长
《科普时报》原总编辑

科幻小说中描绘的未来，正在以各种方式和惊人的速度，“浸入”到我们的现实生活里。而日新月异、时刻迭代的生命基因科学技术作为一支不容忽视的强大力量，已然开拓出种种新的可能，极大地扩充了我们对世界的认知，也必将对人类社会的未来产生深远的影响。

比如，成功的基因疗法让那些长期困扰人类的健康问题，从“根”上就能得到解决！我们已经获取了许多有关健

康问题的基因规律。相应地，就可以有针对性地制造新药或进行治疗。这一切，都是拜生命基因科学技术发展之所赐。

然而，对于被称为“生命的密码”的生命基因科学，我们又了解多少呢；你是否知道，为什么有的男孩子喜欢打篮球却不喜欢吹笛子；国宝大熊猫为什么喜欢吃竹子；憨憨的大象为什么几乎不患癌症；威猛的恐龙和猛犸象到底能不能复活……

翻开这套书吧，你定能惊喜地找到答案，并且延伸更多的思考。

在这套图文并茂、饶有趣味的书里，尹烨博士还从多个角度立体地阐释了生命基因科学的一系列基础问题：我们为什么不一样？地球上什么时候出现了生命？生命如何步步演化以适应严酷的生存环境？智慧是怎样诞生的？书中还以十分通俗的语言，揭示了地球上万千物种里的基因奥秘，描述了基因中的缺陷导致的疾病，并探讨了未来对这些疾病的治疗，展望了生命基因科学技术在治疗疾病、改善人类生活质量等方面的应用。

全套书在内容的选取上，也非常贴近日常生活。餐桌网红小龙虾、奇异的传粉昆虫、长寿的银杏、会摆头的向

日葵、争奇斗艳的花儿，还有让一些人着迷的灵芝……几乎每个部分都由一个鲜活、常见的生活话题，引出要探讨的有意思的生命科学话题。

为了让孩子们阅读时能更加投入，全书精心打造了故事人物形象。我们的作者化身博学多才、幽默风趣的“尹哥”，在书中耐心地为孩子们答疑解惑、指点迷津，将生命科学知识点故事化、场景化，让大家进入角色，沉浸其中，在体验中学习，在探索中思考。全套书中还配有将近500幅“自带生命”的手绘图片，它们生动、形象、谐趣，为每个知识点铺垫添彩，尽展科学魅力。

尹烨博士的这一新作堪称一部精彩的“生命之书”。相信孩子们读过后，对生命、生灵、自然、万物以及人与自然的关系等，会有一番新的认识和省思。

我为孩子们能读到这套书而高兴，也非常乐于向大家推荐这套优秀的生命基因科学探秘书。真诚希望这套书伴随着你们的阅读和思考，能够带给你们心智的启迪和精神的享受，并且增益你们的智慧，助力你们的进步，见证你们的成长！

解读生命密码，发现更美好的未来！

祝大家阅读快乐！

序言二

基因密码，打开绚丽多彩的世界

邢立达

古生物学者、知名科普作家
中国地质大学（北京）副教授

基因作为生命的密码，它所包含的指令与我们的生活息息相关。放眼望去，我们身边无论猫狗鱼虫，还是花草树木，这些动植物身上都携带着基因，各式各样，纷繁复杂。想不到吧，尽管表面看起来差异巨大，它们竟有不少与我们人类有着同样的基因！当然，基因的奇妙之处远不止于此。所以从这个角度来说，给小朋友普及一些与日常生活息息相关的基因知识，是启迪心智、开阔视野，带他们进

一步认识这个绚丽多彩的世界的良方。

我所熟知的尹烨博士写的这套“你一定想不到：趣解生命密码系列”，就是专门为小朋友讲解生命基因科学知识的书。

在这套生命基因科普书中，尹烨博士化身为青年科学家“尹哥”一角，和两个儿童角色小华、小宁，以及智能机器人小 D，一起代入故事之中，由科学家与孩子们的互动问答，串联起生动有趣的科普知识。书中从多角度立体揭示了基因的奥秘，不仅特别讲到了长时间困扰大家的热点话题，如地球何时出现的生命、生命是如何步步演化的、为何会有疾病、生命将走向何方等，也穿插了诸多个人见解和反思，是一套专门写给孩子的生命科学启蒙书。

完全可以这么说，尹烨博士用有料、有趣、有用的内容，科学严谨的态度，以及孩子看得懂的语言，轻松解答那些古怪又让人忧心的问题。他不仅对复活猛犸象等问题进

行了讲解和答疑，还用浅显的笔触，贴近日常生活的文字，诠释了生命之谜、之趣，毫无疑问，这是适合全家人一起阅读的生命科普佳作。

科普图书千千万，这套书可谓别开生面。它从基因着眼，从小朋友身边常见的鸟、兽、虫、鱼、花、草、树、木入手，更能让孩子近距离感受到基因的神奇之处。它通过讲述我们身边的生命科学知识，将喜闻乐见的话题融进生动活泼的故事，再辅以简洁易懂的文字和精美有趣的插图，如春雨般润物细无声，悄然呈现了遗传学、分子生物

学、基因组学、合成生物学等多个生命科学领域的知识，展现了生命之美。

想必这就是这套图书创作的初衷。

愿小朋友们多多学习生命科学知识，更好地了解我们人类自身，以及这个绚丽多彩的世界。

自序

写给小朋友的一封信

尹烨

亲爱的小朋友们：

你们好！

我是尹哥，一名科技工作者，也是一名科普传播者。我特别喜欢生命科学，脑袋里有一堆和生物有关的故事，如果有小朋友问起，我的话匣子就关不上了，自己还常乐在其中。这不，我准备了一套书给你，里面是我给两个小朋友讲过的故事，还要向你们介绍一下我的小助手——智能机器人小 D，它也不时出镜，带给我们惊喜呢。

当你翻开这套书时，请想象自己的身体无限缩小，但

记得把自己的思维无限展开，因为我们就要开始一段奇妙的旅行，前面等着我们的，是一次次时空变幻，一个个奇妙物种，一片片新的领域，你会看到一些你原本熟悉却并不了解的事。

也许你会不理解，有什么事情是你熟悉却不了解的呢？举个例子吧，你肯定知道青蛙，也知道它对人类有益，但你知道青蛙为什么曾被人强制洗牛奶浴吗？你常看见蚂蚁，也知道蚂蚁是大力士，可你知道蚂蚁当农夫的历史比人类还要久远吗？你知道每个人都是独特的，也知道每个人都面临生老病死，可你知道为什么有的人生下来就有缺陷，而有的人老了会忘记一切吗？还有还有，你知道科技为我们的生活带来了便利，知道现代医学能拯救许多生命，可你知道如何能让瘫痪的人站起来吗？如何才能使已经在地球上消失的动物复活？

我们生活的世界实在是太神奇了，人只是世间万物中的一员，而且在地球历史上出现的时间并不算长。假如地球只有一岁，人在最后一天的午夜才站上食物链顶端。我们真的没有那么厉害，

自然界中许多动植物、微生物都有自己的过人之处，相对而言，在演化的长河中，人才是生存能力最弱的生物，而且，我们亏欠自然的也很多。要想继续待在食物链顶端，我们需要好好地向自然学习，与自然和谐相处。

我告诉你个小秘密，尹哥很可能是你的远远远房亲戚。别看我现在的个头比你们的大很多，但是，我们基因的相似度却很高。这就提示我们大概在几万年前，我们有着共同的祖先。还有啊，你也许没有想过，你和身边的万物都有联系。基因是我们的遗传物质，正是因为有了父母提供的基因，世界上才有了你。当你外出踏青的时候，你脚下的小草其实是你的远亲；当你在动物园里看动物的时候，笼子里看着你的猴子、猩猩、狮子、大象……都与你拥有着共同的生命基础——细胞和基因；当你吃下每一口食物的时候，你肠道里的微生物同样因为获得食物而活跃不已，从年龄来算，它们都算是你的先祖，如今寄居在你的身体里，帮助你消化食物，也控制着你的情绪和行为。

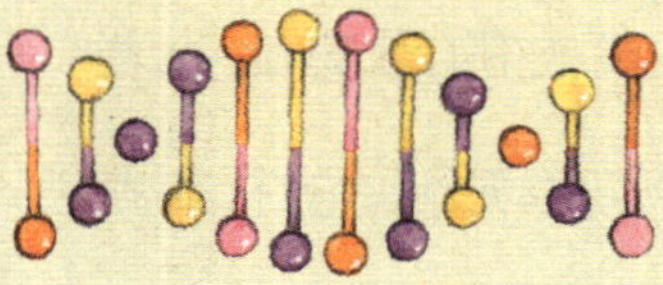

生命实在是太奇妙了，我已经迫不及待地要和你分享

你和它们的故事。世界实在是太广阔了，远到 40 亿年前，近到一秒钟之前，每一个时间刻度上都有说不完的故事，每一个地方都有神奇的事情发生。

你准备好了吗？这就和尹哥、小华、小宁、小 D 一起出发，开始这段有趣的旅程吧！

人物介绍

尹哥

作者尹烨的科普形象，睿智幽默的青年生命科学科普达人。

小宁

爱好生物的女生，细心认真，爱追根问底，有时候会有些害羞。

小华

对一切新事物好奇的男生，勇敢好学，爱动手帮忙，有时候会有些粗心。

小 D

生命科学智能机器人，能瞬间读懂每个生物基因组成，存储了现有生命的全部科学知识，有构建虚拟场景的超能力。

序曲

我们为什么不一样？

我们生而不同，无论是外貌、性格，还是习惯、喜好都不一样。正如“世界上没有两片相同的叶子”，世界上也没有绝对相同的两个人，即使是双胞胎也并非完全一样。

为什么我们会如此不同？答案便在基因里，甚至可以说，是它塑造了一切细胞生物，塑造了我们。每一个生命都对应着一本神奇的书，与生、老、病、死有关的所有信息，都被记录在内，我们不妨称它为生命之书。这本生命之书可不是用中文写的，它的语言体系叫碱基，碱基有A（腺嘌呤）、T（胸腺嘧啶）、C（胞嘧啶）、G（鸟嘌呤）、U（尿嘧啶）五种，其中，A、T、C、G组成DNA（脱氧核糖核酸），A、C、G、U组成RNA（核糖核酸）。

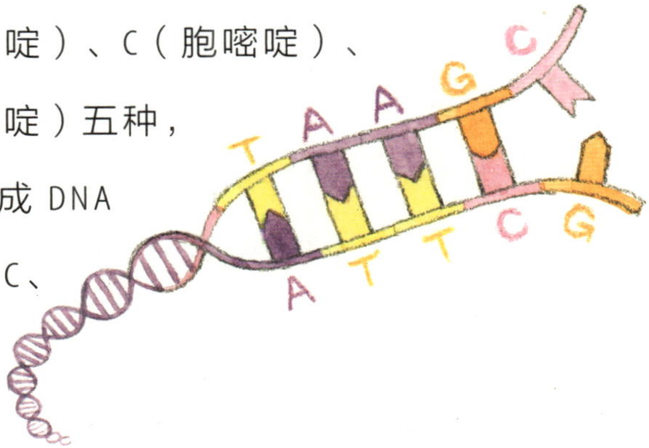

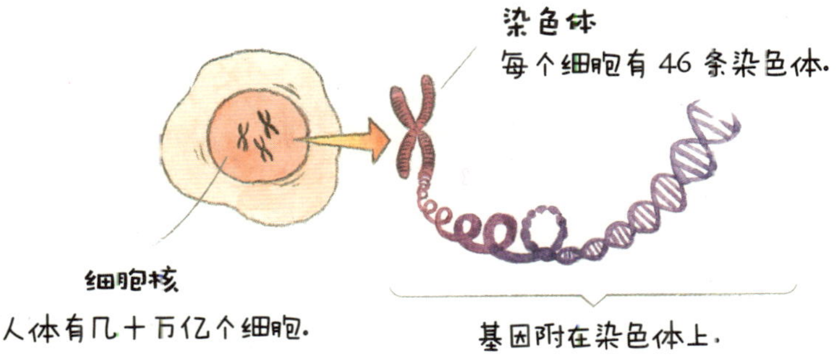

如果把生命比喻成乐曲，那么A、T、C、G就是乐谱，细胞则是演奏不同声部的乐手，生命体就是乐团。每时每刻，地球上都有新的生命乐曲奏响，也有乐团谢幕。

每支乐曲的风格不尽相同，比如苹果的听起来像摇滚风，香蕉的或许像古典乐，拟南芥和线虫的类似于童谣，而代表我们人类的，则是交响乐。

A、C、G、U这四种碱基，可以构成64个遗传密码子，共合成20种氨基酸。这20种氨基酸帮助人类合成所需的蛋白质，维持生命的正常运转。

A
T
C
G

差点忘了介绍，我们人类的近亲有黑猩猩，远亲那可就多了：公园里的某棵树，树下晒太阳打盹的猫咪，树干上一步一步努力往上爬的蜗牛……如果我们能穿越到远古，甚至穿越到地球生命诞生之初，就会发现，孕育了世界多样性的，是在酸性海洋里悄然生长的有机物，它们正努力适应环境，孕育生命。

漫长的数十亿年过去，
在这颗蓝色星球上，生命来来往往。

有时上一刻还繁盛着，下一刻便离开了，
再也没有回来。

或许，
在不远的未来，它们有可能回来。

复活申请处

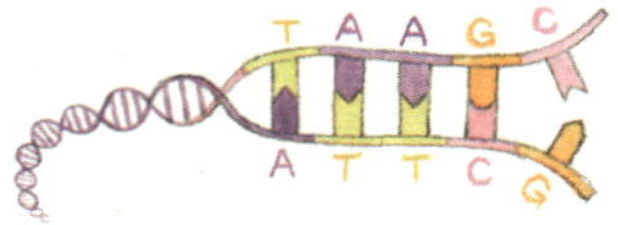

目录

十项全能

年的最后一天
类才披挂上阵。
类起源大约在 300 万~700 万年前。

月 31 日 10 时
类出现。

时 8 分
类第一次使用火，发现了火的照明、
暖、熟食、驱敌等种种妙处。

时 30 分
德堡人出现，
一时期北京人出现。

时 37 分
安德特人登场。

时 58 分 03 秒
顶洞人亮相。

严格意义上说，从
划人类基因组计划到智
手机的普及，再到小朋
们阅读这本书的时刻，
只能算是这一年中最后
一毫秒的事情。

23 时 58 分 51 秒
人类学会了耕种，有了远古农业。

23 时 59 分 08 秒
人类进入了陶器时代，学会了
储藏食物。

23 时 59 分 15 秒
人类工具中出现了青铜器。

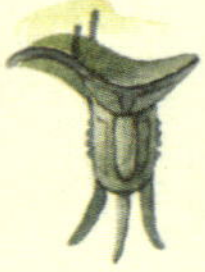

23 时 59 分 36 秒
人类开始使用铁器。

23 时 59 分 57 秒
工业革命，蒸汽机车上路。

23 时 59 分 59 秒
计算机问世，人造卫星上天，
人类登上月球。

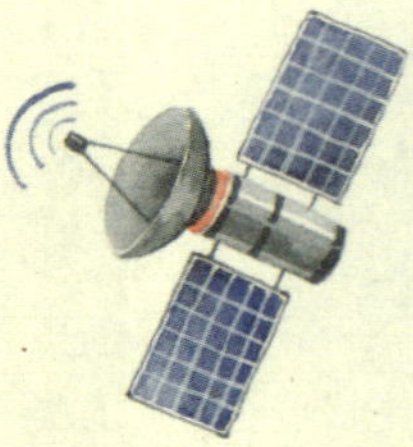

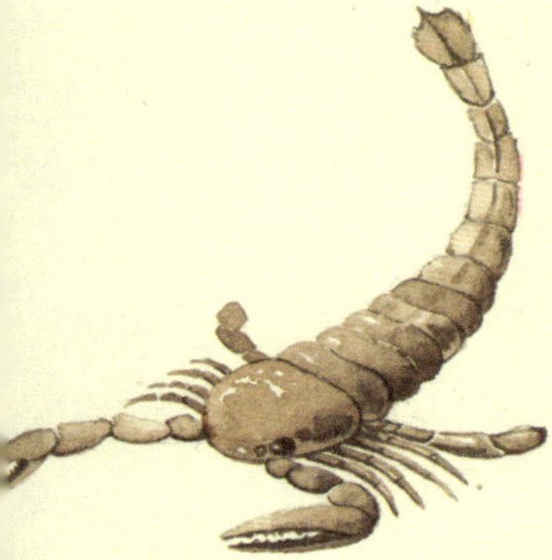

11月27日

庞大的史前巨蝎现身。一部分生命开始从海洋向陆地进发。

11月30日

腔棘鱼出现。

12月3日

第二次物种大灭绝开始，大型物种遭了殃，史前巨蝎等一批动物就此湮灭。

12月12日

第三次物种大灭绝降临了。90%以上的物种告别了历史舞台。

第三次物种大灭绝后，中生代继之而来。

12月15日

地球迎来了第四次物种大灭绝。那些古代大型裸子植物，几乎无一幸免。

12月16—17日

我们熟悉的现代蛙类、海龟和湾鳄登场了。

12月

12月26日

霸王龙登场了。

12月26日

地球遭遇了第五次物种大灭绝，恐龙全军覆没。

迄今为止，地球已经度过 46 亿个春秋。斗转星移，沧海桑田，这颗星球经历了翻天覆地的变化。想要记住地球长长的演化历程可不容易。我们可以试着把它的所有经历浓缩成 365 天，那么一天就代表约 1260 万年，这样，在“眨眼之间”，就能看遍这颗蓝色星球上的岁月变迁了。

来，一起掀开这份地球“年历”吧。

假如地球
只有一岁

球舞台上唱主角的，
不断掀起那天翻地覆
生命非常渺小。
才开始在地球现身，
点。

8月2日

演化出四大界——原生生物界、真菌界、植物界和动物界。多细胞生命初具雏形。

随着一些低等藻类在海洋里现身，地球迎来了多细胞生物时代。当然这些藻类都相对低等。要想见到海带这类复杂的藻类，还要耐心等上一段时间。

11月19日

寒武纪大爆发。古生代就此拉开了序幕。

11月21日

三叶虫出现了。

11月23日

第一次物种大灭绝开始了。

地球"年历"

整个上半年，能
始终是大气和大地。
的莫测巨变。相比之
有细胞核的真核
地球迎来了动物诞生的

1 月 1 日

零时零分零秒，
地球诞生。

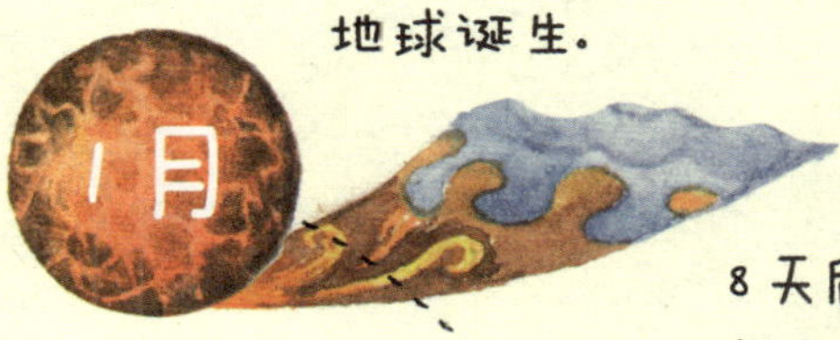

8 天后，地球进入
冥古宙时期，出现降雨。

2月

2 月末

地球上出现了巨型水体，
流入板块运动形成的大洋地壳。
这就是早期的海洋。
海洋中出现了有机化合物。

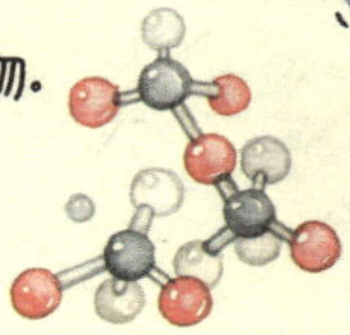

3月

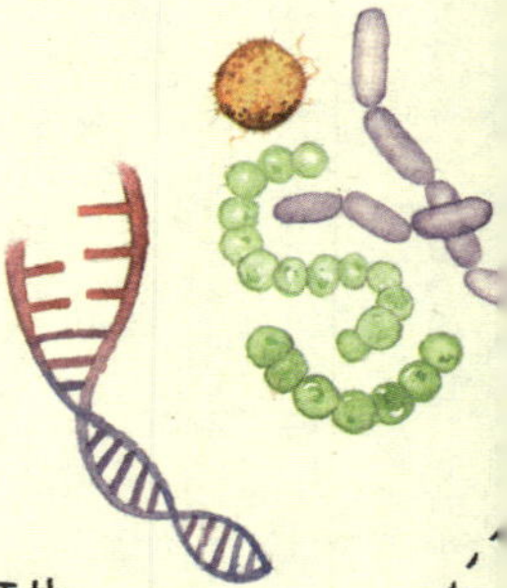

4 月 12 日

原始生命诞生，
地球终于结束了
孤寂的独居生活。

4月

5月

如果把地球的所有经历浓缩成 365 天，
那么 1 天约代表 1260 万年，
1 小时约代表 52.5 万年，
1 分钟约代表 0.875 万年，
1 秒钟约代表 146 年。

想要在“眨眼之间”

看遍这颗蓝色星球上的岁月变迁吗？

来，一起掀开这份“地球年历”吧！

1 月 1 日，零时零分零秒，地球诞生。

8 天后，地球进入冥古宙时期，由炽热的岩浆包裹着，仍然热乎、躁动。过热的地表使水汽蒸腾，水汽升入空中遇到冷空气后，降雨出现了。

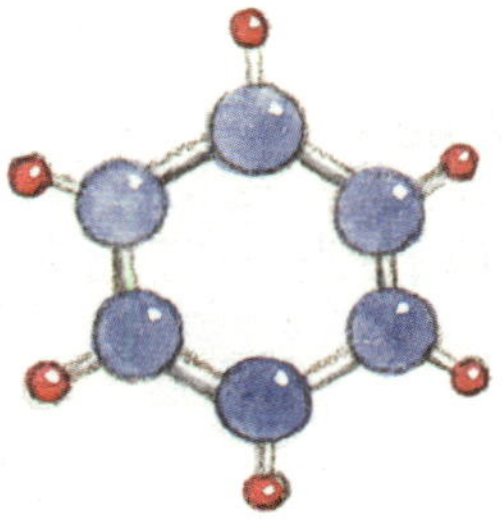

2 月末，也许是原始大气中的水汽凝结，也许是岩石中的结晶水分离凝聚，地球上出现了巨型水体，流入板块运动形成的大洋地壳。这就是早期的海洋。

在宇宙射线、太阳紫外线、闪电和高温的轮番轰炸、“牵

线搭桥”之下，海洋中的氨基酸、核苷酸、单糖、脂肪酸等有机化合物出现了。

4 月 12 日，得益于海洋提供的生化反应条件，原始生命诞生，地球终于结束了孤寂的独居生活。不过，这时的生命还只有最基本的新陈代谢和繁衍功能。

一年快过去了一半，有细胞核的真核生物才开始在地球现身。

生命的繁华

生命开始演化，但起步阶段极其漫长。直到 8 月 2 日，才逐渐开始演化出四大界——原生生物界、真菌界、植物界和动物界。多细胞生命有了雏形，原始藻类也出现在海洋中。

11 月 19 日是值得铭记的一天。这一天大约是 5.42 亿年前，地球发生了史上一桩重要悬案——寒武纪大爆发。不知是什么原因，仿佛一夜之间，各种生物你方唱罢我登场，非常热闹。

这一天，海洋生物蓬勃发展。物种演化出了更强大的视觉系统，节肢动物、海绵动物、脊索动物等集体登场，古生代就此拉开了序幕。两天后，寒武纪最具代表性的远古生物——三叶虫出现了。

11 月 23 日，一个悲剧向地球袭来。受到伽马射线的冲击，地球突然迅速变冷，海平面也随之下降，第一次物种大灭绝开始了。

灭顶之灾突如其来，原本潇洒自在的海中生物被冰封在冰川之下，80% 以上物种和这个世界说了再见。

11 月 27 日，庞大的史前巨蝎现身了。它们样貌上虽然跟今天的蝎子相差不远，但这些巨蝎身长 2 米、体重 200 千克，足以在当时的海洋中称霸一方。

生命的演化也开辟了新的舞台。一部分生命开始从海洋向陆地进发。在陆地上，以裸蕨为代表的一批古老植物开始蔓延，扩充着自己的势力地盘。

11 月最后一天，以腔棘鱼为代表的总鳍鱼类开始演化。从骨骼排列上看，这些鱼鳍能支撑起鱼类的身体，并使之在海底匍匐爬行，跟今天脊椎动物的四肢相比差别很大。

刚过午时，总鳍鱼类已脱胎换骨，胸鳍和腹鳍分别演化成前肢和后肢，还拥有功能跟鳃类似的肺脏，它们被称作提塔利克鱼。这是最早登陆的海洋生物物种之一。历经几千万年的无数次尝试，有些生物终于成功来到陆地上安营扎寨。水陆生活无缝切换实现了，两栖动物也就应运而生。

12 月 3 日，第二次物种大灭绝开始，大型物种遭了殃。

12 月 12 日，第三次物种大灭绝降临了，这是号称最为惨烈的一次大灭绝：弹指间，90% 以上的物种告别了历史舞台。据说是西伯利亚暗色岩的大喷发引发了这场浩劫。

灭绝与新生

第三次物种大灭绝结束后，中生代继之而来。

作为地球历史上的关键角色之一，小朋友们喜闻乐见的恐龙登场亮相了。首先登场的是槽齿龙和板龙。不过，要想称霸地球，恐龙还得等待时机，静候又一场大灭绝的“洗礼”。

12 月 15 日，地球迎来了第四次物种大灭绝。这一回，气候成了致命因素：曾经干热的环境逐步变得温湿，适应不了新时代的物种只能被淘汰出局。特别是那些大型裸子植物，几乎无一幸免。

令人欣慰的是，接下来的两天，我们熟悉的现代蛙类、海龟和湾鳄登场了。直到今天，这些动物依然活灵活现，真无愧其“活化石”的光荣称号。

恐龙注定是这个时代的天之骄子。它们非但没有灭绝，反而变得更加昌盛兴旺。在称霸地球的版图中，腕龙、剑龙和雷龙，割据三地。

不过，尽管爬行动物统治了这个时代，但内部却已经出现了分化。

有一部分爬行动物悄然变身，成了早期的哺乳动物。它们只有老鼠般大小，此时并无太大的发展空间，唯有在狭缝中求生和挣扎。不过，它们在暗暗积蓄力量，为日后的霸权易主埋下了伏笔。

还有一部分爬行动物向往天空。于是，始祖鸟诞生了，这是最早的鸟类祖先。随之而来的则是有羽毛的恒温鸟类。

12 月 26 日，即迄今 7500 万年左右，恐龙家族的巨无霸霸王龙登场了，它们横行于大地，行事残暴。

12 月 26 日，地球遭遇了第五次物种大灭绝。距今 6500 万年前，恐龙全军覆没。灭绝原因众说纷纭，其中一个主流说法是：小行星撞击地球，导致了一系列灾难性的连锁反应。

爬行动物“逊位”，鸟类和哺乳动物“登基”，新生代来临了。12 月 28 日，由原始鲸类进化而成的齿鲸和须鲸

诞生，它们属于现代鲸类，是目前已知的最大的哺乳动物。12 月 29 日，古乳齿象开始演化，后来变成了一万年前新近灭绝掉的乳齿象。这个星球成为大型哺乳动物的乐园。

智慧的诞生

相比之下，人类的历史就非常短暂了。到了最后一天，万物之灵才披挂上阵。

人类起源于大约 300 万~700 万年前。如果按照人类文明史计算，更是只有短短的几万年时间。

12 月 31 日 10 时，人猿相揖别。人类离开了赖以生存的森林，开始探索其他更适合生存的空间。

12 月 31 日 13 时，地猿出现，获得了直立行走的技能，正式解放了双手。接下来，就进入了人类发展的快车道。

21 时 8 分，人类第一次使用火，发现了火的照明、取暖、熟食、驱敌等种种妙处。要成为更高级别的生命，掌握火的使用方法无疑是既酷炫又实用的技能。

22 时 30 分，海德堡人在德国出现，同一时期，北京人在中国出现。颧骨高突的北京人，拥有取用天然火和保存火种的能力，被视为“人类的先驱”。

23 时 37 分，尼安德特人登场。就脑容量而言，他们更胜智人一筹。但后来仍然不幸灭绝。然而，尼安德特人的一部分基因存留了下来，延续至今。

23 时 58 分 03 秒，即 1.7 万年前，山顶洞人在中国亮相。人类有了原始宗教，并进入了母系氏族社会。

23 时 58 分 51 秒，人类学会了耕种，有了原始农业。

23 时 59 分 08 秒，人类进入了陶器时代，学会了储藏食物。

23 时 59 分 15 秒，人类工具中出现了青铜器。在古埃及，一座座金字塔拔地而起。文明时期开始，亚里士多德、孔子等先贤登坛授课，为后人留下了无尽的精神宝藏。

23 时 59 分 36 秒，人类普遍开始使用铁器。

23 时 59 分 57 秒，工业革命，蒸汽机车上路。

23 时 59 分 59 秒，计算机问世，人造卫星上天，人类登上月球。

严格意义上说，从完成人类基因组计划到智能手机的

普及，再到小朋友们阅读这本书的时刻，都只能算是这一年中最后几十毫秒的事情。

天地者，万物之逆旅也；光阴者，百代之过客也。人类灿烂辉煌的文明，都不过是地球“一年”最后一分钟的一支短小插曲。

地球一岁之后

人类和约 870 万种地球生命，在这浩渺宇宙中，在这有限认知内，是绝无仅有的“独苗”。然而，这棵独苗是否能继续存在，前景尚不明朗。

过去的物种大灭绝，原因不外乎气候变迁、天灾突降。人类不曾经历前五次物种大灭绝，却有着造成大灭绝的能力。

要知道，近期大量物种的灭绝主因都是人类活动。也许，在不远的将来，地球会毁于能源耗尽、环境破坏、核战爆发、生化浩劫等人为灾难。

我们的大脑
有6亿岁了！

在很多方面，人类真的比不上动物啊！

如果单从某一个方面看，人类真的都不如动物：

论速度，哪怕百米飞人博尔特都根本不是猎豹的对手。

论力量，一只黑猩猩能把一个成年男子打得满地找牙，一只银背大猩猩估计能打倒一个排赤手空拳的兵力。

论视力，鹰隼的眼睛比人眼要敏锐近十倍。

论听觉，蝙蝠的超声探测能力令人耳自愧不如……

好在，我们还有一个秘密武器，能帮我们得以称霸——发达的大脑！

大脑的升级，如同知识的进阶

人类大脑容量约为 1400 毫升，有强大的信息处理能力，是整个自然界最复杂的神经系统。

这种强大的信息处理能力从哪里来？靠的是信息连接的基本节点——神经元。在人脑里，神经元数量有将近 900 亿，几乎是天文数字。

就像罗马城不是一天建成的，要形成人脑这么复杂的

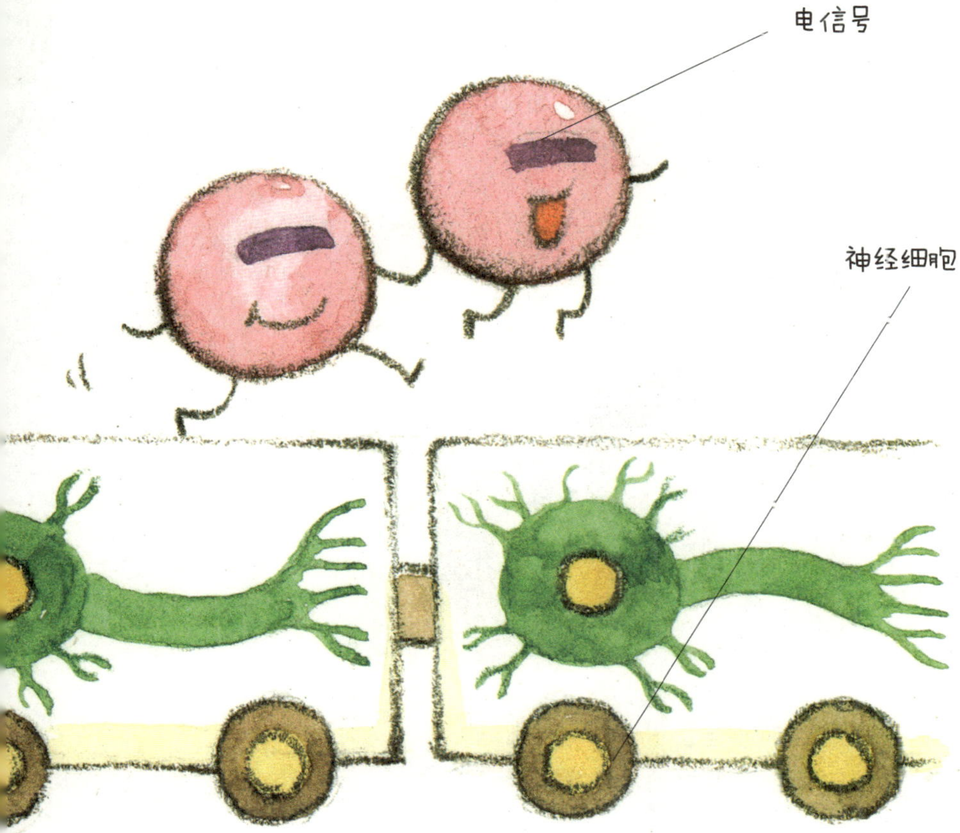

系统也并非一朝一夕之功。就像手机应用需要不断迭代一样，神经系统也在不断升级，整整经历了 6 亿年！

让我们把时钟拨回 6 亿年前。那时，远古生物可谓“头脑简单”，哪有什么大脑结构，连中枢神经系统都不完备。

远古生物是怎么传递信息的呢？靠的是一些演化出轴突的神经细胞。这些轴突互相连接，传递一些附载有用信息的电信号，就跟电线可以传导电流一样。

那时候，原始生物的神经系统只有最简单的应激能力。如果外界有食物，生物就会做出反应“快吃”！如果有危险，那就“快躲”！

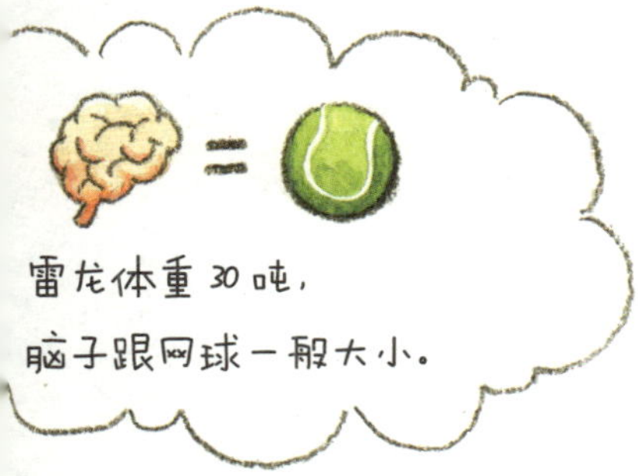

只有这些简单反应，而且几乎存不了任何记忆，但对于生活简单的原始生物来说，这样的神经系统已经够用了。

接下来，有一些生物成功“出水”，登上陆地，变成了爬行动物。

因为陆地环境比较复杂，所以要适应这种变化，就需要更加强大的神经系统。大量神经细胞集结在一起，形成了脑干和小脑，这就是所谓的“基础脑”。

大脑水平提升了。不过，这种基础脑的功能还是很有限的，只有三层皮层，满足最基本的运动需求。

基础脑中出现的皮层，集中了大量负责各种功能的神经元，给大脑未来的演化打下了基础。有了皮层，大脑能储存长期记忆，能做复杂的思考，还能表达爱意、亲情这些高级情感。

又过了很久，哺乳动物出现了。它们有了“初级大脑”，演化出了更多新皮层，传递信息的功能就变得更强，其他功能也出现跨越式的飞升。

灵长类动物的大脑就比较发达了，比如猩猩，大脑皮层的神经元数量大约是 90 亿。大脑越出色，模仿学习的效果就越好，反过来也会促使生物本身演化得更快。

人类与灵长类动物相揖而别，开始直立行走，大脑也揭开了演化的新篇章。早期人类大脑皮层的神经元数量已经达到了 160 亿，大脑进阶到了新的一级。

这就到了大学生的阶段，人类开始奠定自己在生物界的江湖地位啦。

怎么判断大脑演化程度的高低呢？一个关键的标志就是脑容量的大小。

290 万 ~390 万年前，人类祖先的脑容量开始突然增长。原本南方古猿的容量是 440~530 毫升，如今人的脑容量增加到了 1400 毫升。

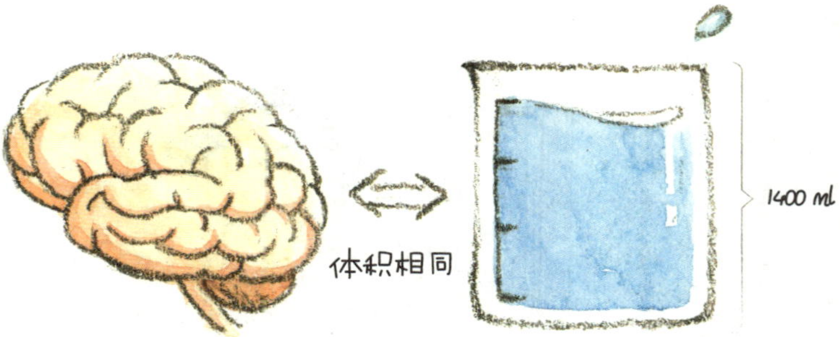

既然脑容量变了，那么内部神经元和外部构造会不会也跟着变呢？

的确会。前额叶区扩大了，脑门前突出，大脑有了更优质的新皮层，得到了更好的发育，神经元连接更多，也更加有条理了。

幸亏，没有执迷不悟

人类的脑容量在攀升到 1400 毫升这个里程碑的过程中，走过几次岔路。

根据在欧洲发现的海德堡人的遗骸推算，海德堡人的脑容量只有 1100 毫升。脑容量这么小，当然远远不够啦。

不过，一味追求容量大，也不见得就是最好的。尼安德特人的脑容量将近 1700 毫升，比现代人还大不少。只可惜，大脑的主要位置都被视觉功能和运动功能占据了，

思维功能和沟通功能就没有开发好。所以，尼安德特人竞争不过智人，最终灭种了。

经历了这么长时间的演化后，人类特有的大脑皮质中枢产生了。

我们有了运动性语言中枢、书写中枢、听觉性语言中枢，还出现了欣赏音乐、舞蹈和绘画等艺术的中枢，功能越来越复杂、越来越完善。接着，抽象思维开始发展，人类大脑额叶也得到了迅速扩张。

终于，经过了6亿年的漫漫升级长路，一颗进化完善的人脑成品出炉啦。

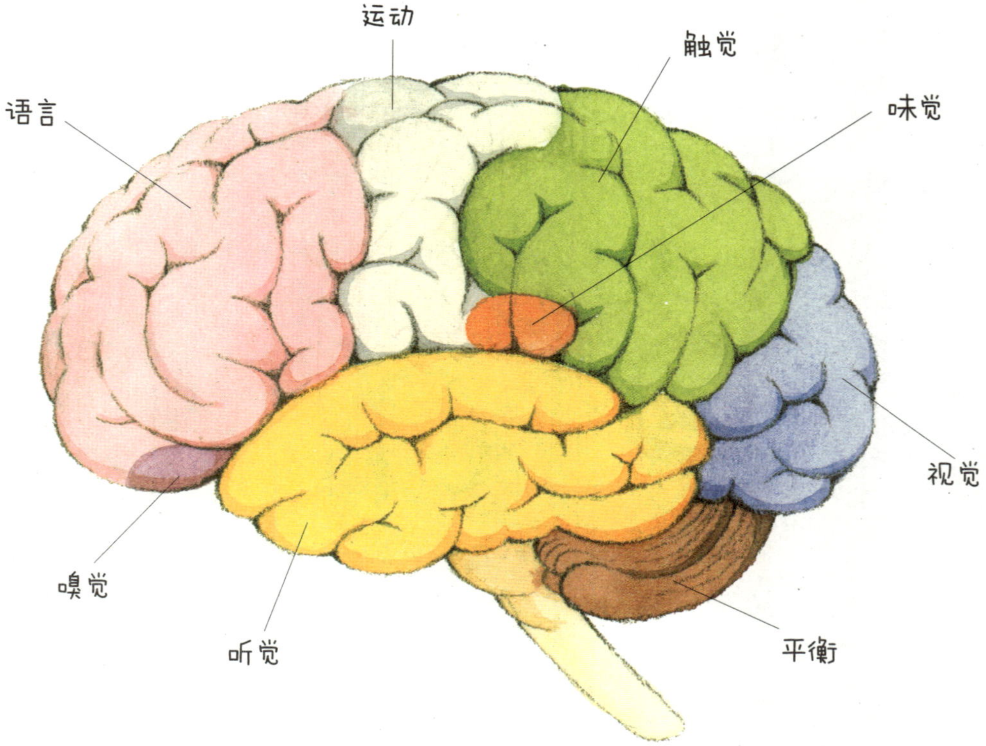

人脑为什么会突然升级呢?

为什么人脑会发生这么大的变化呢？原来，在从古猿向人类演化的过程中，产生了许多基因突变。其中有几个可能特别关键。

第一个是 *FOXP2* 基因。人类和猿的一大区别，是强大的语言能力。有了语言，人与人之间的信息交流变得更加高效、精确，才慢慢演化出今天的人类文明。

FOXP2 基因是一种控制语言能力发展的基因，它的突变在先天性语言功能障碍的人群中比较常见。*FOXP2* 对记忆力和理解力也有影响。

第二个是 *ARHGAP11B* 基因。只有我们智人和近亲尼安德特人、丹尼索瓦人有这个基因，它可能和大脑语言中枢的出现有关。

第三个是 *HARE5* 基因。这个基因很可能是控制大脑发育的关键。跟移植了猩猩 *HARE5* 基因的小鼠相比，移植了人类 *HARE5* 基因的小鼠在脑容量上扩大了 12%，而且产生了相应的大脑皮层。

为什么这些和脑功能增强相关的基因会出现？因为我

们有这些方面的实际需求：要制造和使用工具，要开创和传承语言文字……

脑容量的激增，是基因、人类行为和外部环境共同作用的结果。

认识和掌握自然火之后，人类开始慢慢喜欢熟食。熟食带来了更多的营养，大脑也就变得更加发达。

另外，在非洲东部形成的东非大裂谷带来了营养最丰富的食材之一——鱼。鱼油里含有极其丰富又价值很高的不饱和脂肪酸，大量摄入也可以帮助大脑升级。

碳水化合物，尤其是淀粉，在脑容量加速增大的过程中也起到了不可忽视的作用。

毕竟，要让人脑这台精密机器高效运作，就需要大量能量，而能量的来源就是充足的葡萄糖。吃什么才能提供这么多的葡萄糖？当然是淀粉这类高碳水化合物啦。

最后，人类还有一双可以与大脑媲美的灵巧的手。得益于大脑的发育，人类祖先可以制造和使用工具，学会用更高效的方式捕猎和劳动。反过来，肢体灵活度的提升又刺激了大脑的发展。

我们来自猩猩？
还是来自星星？

尹哥，你说宇宙中真的有外星人吗？
科学上对于这个问题还没有定论，
但我们很有可能都来自外星！

哲学三大基础问题 我们是谁？我们从哪儿来？我们要到哪儿去？据说这是每个人都会思考的问题。科学家是寻找问题答案的主力军，但在这些问题上，科学家们的意见也不一致。

正方：我们自力更生

“生命诞生于34亿年前的一锅原始汤。”有的科学家如是说，并抛出了诸多考古学证据，以及古基因研究证据，试图证明地球生命生于斯、长于斯、繁荣于斯。

这群科学家还分为“热泉派”和“热田派”，区别在于生命诞生在海洋里的热泉，还是陆地上的热田。他们都赞同的一点是，在40亿年前，地球温度很高，只有能耐高温的生命才能生存，而且环境中要有大量适宜生命诞生的气体和水，这才是原始生命诞生的温床。

反方：我们是外星球的馈赠

从 2000 多年前那个只顾仰望星空而一脚踩空掉进坑里的哲学家泰勒斯，到不知从什么时侯起便伫立在复活节岛上的那一排排仰头望天的摩艾石像，“抬头看看天”，似乎一直以来就是人类的习惯。

很少有动物像人类一样，对仰望星空如此迷恋。星空那渺茫中的自由与宁静，抚慰了一代代人的心灵；而那永恒中的辽阔与深邃，更是激发了古往今来的人们无限的想象。

随着现代科学的发展，人类已经能登上月球，也能潜入深海，但既没有看见想象中月亮上的广寒宫，也没有找到过深海龙宫。

许多古时的传说与幻想纷纷被打破了，沉寂的太空与冰冷的海洋沉默无言。

可是，仰望星空的人类，从来不会停止遐想。毕竟，生命如此奇妙，宇宙如此广袤，我们会不会来自天上那些星星呢？

“生命来源于宇宙，在地球上孕育生长。”坚持宇宙胚种说的科学家推断，生命来自某个“天外飞星”，可能是彗星与地球碰撞产生的有机物，开启了地球生命的孕育，也可能是一块来自太空的陨石坠入地球，带来了形成生命的元素。

1969 年 9 月 28 日，“默奇森陨石”在澳大利亚被发现。在这块陨石中，科学家发现了许多有机物，包括百余种的氨基酸，特别是有些氨基酸是构成生物的蛋白质分子所必需的。而碳同位素含量分析表明，这些化合物并非来自地球。

辩论开始

反方提问：“请问正方如何解释人类脑容量突然跃升的情况？人类从南方古猿演化至智人期间，脑容量发生了飞跃。在人类演化的初期，脑容量突然急速提升，从 400

毫升猛涨到 1400 毫升，大大超过之前的演化速度，从此之后，再无这样的神速。”

正方解释：“脑容量跃升并非突然激增，而是在数百万年间的演化过程中逐渐递增，南方古猿为 440~530 毫升，能人为 510~752 毫升，直立人为 600~1251 毫升，到了智人则为 880~1750 毫升。而且，在这之前，大脑经过了 6 亿年的神经系统演化，在良好的基础上飞速发展，这有什么不可能的吗？”

反方再次出击：“你们老说原始汤，难道历经数亿年，原始汤就能把一堆机械零器件晃成航空母舰吗？”

正方回应：“你们无非是认为构成生命的元素与外星

陨石上的元素相似，可要知道，地球也是在宇宙大爆炸中产生，又经过小行星的碰撞才成了今天的样子，整个宇宙都由约 90 种天然存在的元素（不含人工元素）构成，生命元素相似又有什么问题呢？”

祝福还在用
“寿比南山”?
该说“寿比银杏”啦!

一定是银杏……
好大一棵树。

秋天来了，金黄的银杏叶飒飒飘落，铺成一地金黄，璀璨斑驳，多好看呀！

除了金黄的叶子，银杏树那一颗颗白色的果实特别显眼。所以，银杏果有另外一个名称，叫白果。

其实，银杏原先的名字才没有那么浪漫呢，人们曾叫银杏树“鸭脚树”——因为它的叶子跟鸭掌一样。

另外，它还有个昵称，叫“公孙树”。原来，一棵银杏树从栽种到结果，需要20多年的时间，真是公公（爷爷）种下了，孙子才能吃得上呀！

白果含有非常丰富的营养元素，包括维生素、粗纤维、氨基酸、铁、锌等，有抑菌杀菌、去痰止咳、促进血液循环和降低血清胆固醇等作用。美中不足的是，白果含有少量的氢氰酸毒素，多食、生食可能会引起中毒。

长寿的秘诀

银杏这种乔木还有一个重要的特征，就是长寿。至少在 2.7 亿年前，它们就已经开始装点这个世界，就存活时间看，甚至比恐龙还长呢（恐龙最早出现于 2.3 亿年前，后于 6500 万年前灭绝，累计存在 1.6 亿多年）。

在银杏纲、银杏目、银杏科、银杏属中，银杏是唯一的现存物种。它的亲戚早就消逝在岁月长河之中。唯独它熬过了无数严寒酷暑，成了裸子植物中最老的孑遗植物。

如同缄默的老者，银杏见证了数不清的物换星移、盛衰兴亡，又饱含着澎湃的生命之力，伫立在这亿万年的孤独与喧嚣之中。

正是因为长寿，银杏被称为活化石。它们演化速度非常慢，也没有旁系演化，顺着一条既定的血脉，延续了万千世代。也就是说，今天的银杏和亿万年前的银杏几乎是一样的。

目前，已知的世界上最古老的银杏树在我国贵州福泉，树龄约有5000年到6000年。而有“中华银杏王”和“天下银杏第一树”之称的两棵古银杏树，分别位于我国贵州长顺和山东莒县，树龄都在4000多年。

为什么银杏可以安稳走到今天，无论外界环境怎样变化，都能以不变应万变？因为银杏靠的是基因超强的抗逆性。在演化的过程中，银杏发生过两次全基因组复制事件。

两次全基因组的复制，使银杏的防御机制得到了极大的改善。

举个例子：银杏怎么应对昆虫的攻击呢？它们可以合成直接对抗昆虫的化合物，也可以释放吸引昆虫天敌的有机挥发物，用一种间接的手段对抗昆虫。

虽然银杏的基因组大小超过 10Gb，是人类的 3 倍之多，但真正跟自身生存发展有关联的部分其实不算多，四分之三的基因都是外来病毒在银杏细胞内疯狂复制的序列，对于银杏来说，这些序列就是多余的垃圾。

通常，大部分生物会将多余的垃圾清理掉，但是银杏却选择视而不见。这些序列在某种程度上起到了提前占位的作用，使得其他病毒没法乘虚而入。

广岛幸存者

有了这套基因，银杏就具备了极其强大的适应性。两亿多年的沧海桑田，银杏处之泰然，甚至在遭遇原子弹核爆的超强辐射后，银杏也还能保持坚挺呢。

1945年8月6日，原子弹在日本广岛爆炸了。在距离原子弹爆炸中心500米左右的辐射范围内，温度高达3000℃～4000℃，即使在10千米外，也能感受到灼热的气流。

在广岛，数十万人瞬间丧命，同样被摧毁的其他生物则数不胜数。

劫后重生的银杏

令人意外的是，有一株树龄 200 多年的银杏，在被炸得只剩下麦秆般粗细的根部后，顽强挺到了第二年的春天，抽出了新枝，并且在第三年长出新芽，重焕生机。

这位广岛原子弹事件的历史见证者，成了珍贵的研究样本。科学家正在研究其中的奥妙，让我们拭目以待吧。

动物界的
“宝藏男孩”

鳄鱼的眼泪是什么意思？
我知道，是伪善的意思。
那是鳄鱼的眼药水。

关于鳄鱼，一直流传着这样一个故事：一支日军陷入英军重围，藏匿在沼泽中休养生息。不远处，沼泽中泥水涌动，一群黑影朝着一个共同的方向悄无声息地爬行。月色下，带着水迹的脊背泛着寒光，乍一看，仿若一队行走的铠甲。鳄鱼！成群结队的鳄鱼！

一时间，哭喊声、惨叫声、枪击声、嘶吼声交织成一片，鳄鱼亮着尖利的牙齿，甩着强有力的长尾，以强大的杀伤力，在这场人鳄之战中取得压倒性的胜利。空气中的血腥味，幸存者奄奄一息的呻吟，原本承载着日军庇护期望的沼泽，已然成为人间炼狱，1000 多人走进这里，只有 20 多人幸存下来。

鳄鱼是凶狠而嗜血的。第二次世界大战时期，缅甸兰里岛“人鳄之战”，是史上最严重的动物袭击事件之一。对鳄鱼来说，和人类的这场战斗或许只算得上是小打小闹，要知道，白垩纪晚期时，鳄鱼的挑衅对象可是恐龙，史前巨鳄的战绩，千万年地印刻在一些恐龙的骨骼化石上。

“鳄鱼神”

在古埃及人眼里，鳄鱼的凶猛和强壮就是神力的象征。他们供奉着“鳄鱼神”索贝克。相传，索贝克是埃及法老的庇护神，是众神和人类的保护者，能赐予人类财富和丰收。

越是沼泽丛生，鳄鱼出没的地区，对鳄鱼的崇拜越是虔诚。古埃及法尤姆地区便因此被命名为鳄鱼城，城中修建了不少索贝克神庙来供奉鳄鱼，至今遗迹尚存，是有名的旅游景点。

每座鳄鱼神庙里，都有一条被视为索贝克化身的大鳄鱼。它们的身上用黄金珠宝装饰，死后被做成木乃伊以示尊荣，葬礼隆重，甚至被安葬在法老遗体身边，足见鳄鱼的地位之高。

不过，值得注意的是，被埃及人供奉视若神明的鳄鱼，不是我们常见的鳄鱼。我们可以通过观察“鳄鱼的微笑”来加以区分。

古埃及人崇拜的鳄鱼嘴唇呈 V 形，嘴巴闭上时也有牙齿露出，它们属于鳄科，比如湾鳄、暹罗鳄等。还有一种鳄鱼是短吻鳄，它们属于鼍（tuó）科，嘴唇呈 U 形，形同短铲，我国的扬子鳄便是其中的代表。在古代，短吻鳄被称为“鼍”，也被称为“猪婆龙”，据说它是龙的原型。

虽然鳄鱼的杀伤力十足，但在人类强大的破坏力面前，也面临生存危机。如今，野生扬子鳄仍处于濒危状态，是我国的一级保护动物，算上人工饲养的在内，数量也不过 1.6 万条左右。

鳄鱼的超能力

在第五次物种大灭绝事件后，恐龙退出历史舞台，但鳄鱼存活了下来。能活得比当时处于食物链顶端的恐龙还久，鳄鱼自有其过人之处。科学家发现，它的生存奥秘其实就藏在基因里。

鳄鱼有着超强的视觉和嗅觉，这让它得以跻身顶级掠食动物之列。仔细看鳄鱼的照片，你会发现，鳄鱼的瞳孔是垂直细长的，这使它能在夜间视物，还能防止阳光伤害。

此外，它自带“泳镜”，潜水时眼睛上的瞬膜让它能在水下正常视物。而鳄鱼的眼泪与慈悲无关，其实是在养护瞬膜，相当于鳄鱼的“眼药水”。

即使是在污浊的水域，鳄鱼不能正常视物的环境下，发达的嗅觉也能帮助鳄鱼顺利捕食猎物。所以，千万不要在有鳄鱼的水里暴露伤口，只要有哪怕一丁点血腥味，鳄鱼就有可能循踪而来。

鳄鱼还有傲视群雄的潜水能力，这与其神奇的血液有关。我们知道，血液具有输送氧气的功能。由于鳄鱼最开始是在陆地上生存的，为了适应水里的生活，它们的血液演化出了远超其他动物的氧气传输能力，大大降低了换气频率，提高了潜水时长，持久地在水中蛰伏以捕食猎物自然就不在话下了。

即使是身经百战的鳄鱼，也难免会在战斗中“挂彩”，可神奇的是，不管伤势有多重，鳄鱼都能迅速复原，这也是神奇血液的功劳。

鳄鱼的血液里有强效的抗菌肽，它们的“战斗力”比抗生素更强大，这也是基因赋予的超能力。即使是令人类免疫系统全面崩溃的艾滋病病毒，也不能攻破鳄鱼的免疫系统。

基因赋予鳄鱼的能力不止这些。在漫长的演化过程中，鳄鱼的身体经历了一系列的变化。比如，它的喉咙背侧有次生腭，可充当食管和气管的阀门，能自由掌控水流是否进入；耳盖和眼睑，能保护内耳和角膜；增厚的肺壁，能避免潜水时的高压强环境破坏肺部；心脏在危急情况下能中止对肌肉供血，来确保大脑供氧充足……这些都是独特的基因赋予鳄鱼的超能力。

那些鳄鱼启发我们的事：研究抗菌肽，制成修复难愈伤口、治愈伤口感染的药膏。人工合成鳄鱼抗体，治疗艾滋病等人类重大感染性疾病。研究鳄鱼的神奇血液，为血液输氧障碍患者解决难题。提高人类潜水能力。

忠犬养成记

好饿。

狗是从狼变成的吗?

冷空气席卷了大地，风声在夜空里呼啸。地平线那端，一个孤独的身影正机械地蹒跚着。它是一匹狼，已经走了很久很久。可能是和同伴不和，也可能是跟丢了队伍，它变成了一头独狼，在荒原上已经一连徘徊了十天……

在肉食类动物中，狼的耐力、速度和个体战斗力都算不上拔尖。不过，凭借群体捕猎形成的优势，狼依然是高效的杀手。它们习惯先从外围包抄，把猎物团团围住，然后步步紧逼，最终取得成功。这样的狩猎独狼很难完成——单打独斗，它甚至可能不是大型食草动物的对手。

捕不到猎物，所以饥肠辘辘。绝望的独狼，动了投奔人类的念头。

人类自从掌握了种植技术，就慢慢步入农耕文明，建立起部族村落。在人类聚居地，总会有堆积如山的垃圾：破烂菜叶、残羹剩饭，甚至排泄物。这些都是狼难得的稳定食物来源。

要不，去跟人类那边要份工作，换一个安稳的生活？只要跟着人类，总会饭菜管饱，总能苟活下去。

渐渐地，有的狼磨掉了锋利的棱角，开始依附人类生活。天长日久地定期投喂，狼跟人的关系越拉越近，成了看家护院的忠实门徒。

而且，其中表现得越温顺，越得宠的，食物就越丰盛，便能繁殖更多的后代。从此，曾经特立独行的独狼，正式被招安为“狗”，“与人为善”的基因代代相传。

“十年踪迹十年心”

凶悍、勇毅的狼变成了乖巧、可爱的狗……狗的驯化大概就是这个过程啦。

不过，实际情况要稍微复杂一点。这是一个“多中心起源”的故事。也就是说，每个地方的狼都是独立驯化的，“求职故事”还有各个地区的不同版本哟。

这个有趣的事实是狗狗的骸骨所泄的密。科学家从狗化石中提取出 DNA，然后跟 700 只现代狗的基因比对，发现了狗谱系中的两大分支：一支来自东欧亚大陆，像沙皮和藏獒，约在 1.4 万年前被人类驯化；另一支则来自西欧亚大陆，约在 1.1 万 ~1.6 万年前被人类驯化。

2016 年，研究人员对 58 只犬科动物（12 只灰狼，27 只来自亚洲和非洲的原始狗，以及来自世界各地 19 只不同品种的现代狗）进行全基因组重测序分析。结果发现，来自东南亚的狗明显比其他种群的狗更具有遗传多样性。

东南亚的狗是与灰狼有亲缘关系的最基础的种群。位点频谱数据分析告诉我们，在约 3.3 万年前的东南亚，最早被驯化的狗出现了。

人类驯狼为狗的行为可能发生了不止一次。驯化完成之后，不同起源的狗狗又反复配对杂交，和狼再次混血；甚至通过被淹没之前的白令海峡，和美洲的同族进行基因交流。

最终，来自东欧亚的犬种略占上风，对现代犬种的基因贡献更大。相反，西欧亚驯化的犬种在这方面的贡献就比较少了。

不同的生长环境，各异的饮食习惯，多个品种的反复配对，造就了狗的高矮胖瘦、美丑妍媸。

在全世界，狗的品种众多，既有威武雄壮的大丹和牧羊犬，也有小巧玲珑的博美和吉娃娃。爱撒娇、爱卖萌的泰迪，和凶猛的藏獒竟然也是近亲。

基因造就的亲近感

不管什么品种的狗，都有着和狼截然不同的性情。的确，这也是源自某些基因的突变。

在狗的驯化过程中，6 号染色体上有一段 5Mb 的基因区域在演化中得到了选择。这一基因片段也存在于人类基

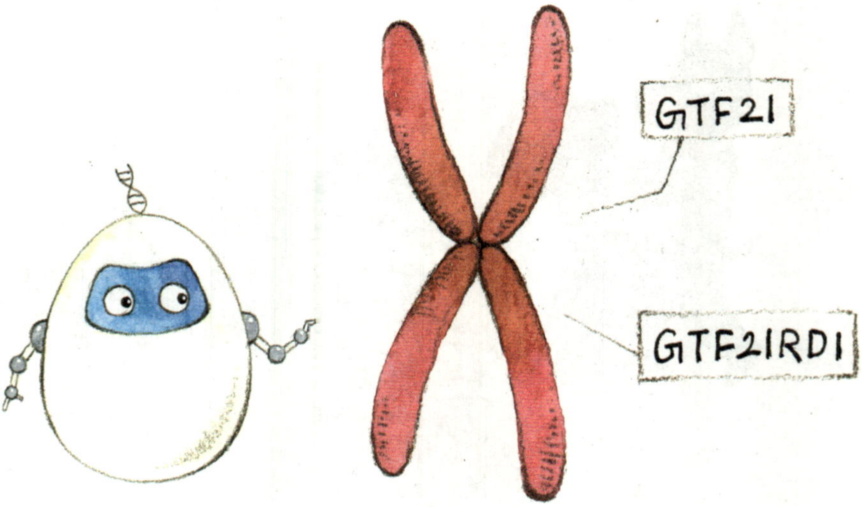

狗的 6 号染色体

因组中。如果没了这段基因，人类会患上 Williams-Beuren 综合征，社交能力出现障碍。

这段基因区域中的 *GTF2I* 和 *GTF2IRD1* 两个基因突变扩张，令狗把注意力分散到人类身上——这也正是人类驯化筛选的结果。投之以木桃，报之以琼瑶，狗对人类越亲热，人类对狗也越发体贴。因此，拥有与人亲善的基因的狗会获得更多的关爱和繁殖机会。

久而久之，与人为善的狗越来越多，狗的社会地位也得到提升。

在许多家庭，狗已是重要一员，其衣食住行和生老病死都得到了精心照顾。

在村庄里，狗能干的事情可多啦。

狗可以帮人们看家护院，拒陌生人于门外，可以看管羊群，可以拉雪橇，可以刨地翻土，寻找失物，甚至可以在树林中寻找埋在地下的珍贵食材……

在城市里，狗也提供着各种各样的专业服务。

拉布拉多、黄金猎犬负责导盲，帮助盲人出行；德国牧羊犬探案如神，帮助警察惩凶除恶；嗅觉灵敏的德国黑背，则在海关负责缉毒。

人提供食物，狗提供服务，互惠互利，甚至日久生情，在情感上互相依赖。人类和狗之间的甜蜜故事，还在不断地续写下去！

警犬
缉毒犬
导盲犬

天下谁人
不识"喵"

我要工作了……
陪我玩！
我想养只猫，可是妈妈不同意。
那你不妨先了解猫，再去说服妈妈吧！

猫咪被人视为“养不熟”的动物，上一秒还黏人无比，下一秒就对你不屑一顾，甚至离家出走也是家常便饭，常让“铲屎官”们泪流满面。

桀骜不驯的“野猫心”

达尔文说过，即便是被豢养很久的家猫，一旦它回到野外独自谋生，也会瞬间恢复祖先的野性。

2015 年 7 月，澳大利亚政府宣布为保护澳大利亚本土濒危物种，在 2020 年前将捕杀 200 万只野猫，以此来保护其他野生动物。

虽然目前的家猫种类有60多种，但它们其实是“一家人”，它们的祖先都是西亚地区的野猫。即便是不同品种的猫，也只是外形上有所差异，骨子里都是一颗“野猫心”。

美食诱惑

高冷的野猫愿意纡尊降贵与人类共处同一屋檐下，主要是为了食物。

大约在1.2万年前的新石器时代，人类经历了第一次农业革命，开始大量耕田种地，并把富余的粮食储存在粮仓里。然而这却为老鼠提供了衣食无忧的居所，老鼠们开始在粮仓驻扎，过着安居乐业的生活。人类对此痛恨不已，又毫无办法。后来，人类发现野猫抓老鼠相当在行，便把野猫养在家里护卫粮仓。

对于野猫来说，喜欢不喜欢人类并不重要，重要的是待在民宅里便有大把老鼠可抓。而人类为了犒劳抓老鼠的猫，也会时不时地赏点儿鱼肉为猫改善一下伙食。就这样，人类和猫实现了真正的互惠互利。

猫肩负了保卫人类口粮的重任，古人自然是对猫感恩

戴德，甚至奉为神明。古埃及人发现，猫的瞳孔会随着光线强度而变化，就像月亮圆缺变化一样，所以他们传说猫是月亮女神的化身。猫在古埃及的地位极高，有些主人会在家猫死后为其制作木乃伊，风光大葬。

但是，到了中世纪的欧洲，猫就没那么受欢迎了。当时宗教宣扬“仁爱”，而猫嗜杀老鼠、鸟类的凶猛本性和“仁爱”背道而驰，因此中世纪的欧洲人认定猫是女巫的化身，会祸害人间。当时欧洲人大肆虐杀猫，猫的减少导致老鼠繁衍猖獗，所以欧洲鼠患泛滥、鼠疫成灾。

到底是谁驯化了谁?

有人开玩笑讲：没有人类，世界属于大猫（如老虎狮子），有了人类，世界属于小猫。时至今日，猫寄人篱下也有近万年的时间，但猫依然没有彻底被人类驯化。

一般来讲，被驯养的动物大多有群居的习惯，跟人也比较亲近。而猫不但独来独往，还动不动就丢下主人上演“离家出走”的戏码。

另外，人类的肉食有限，哪怕是狗这样的肉食动物，被驯养后也要学会多吃蔬菜和主粮。但猫一直是无肉不欢，这可能是因为猫体内缺乏消化碳水化合物的酶，不能多吃米饭杂粮；而且它们无法自身合成一些氨基酸，只能从肉食中获取所需氨基酸。一旦养猫，就要有鱼有肉好生伺候着。

在猫的眼中，人类不过是凑合着能过的同居者。日本科学家发现，猫在听录音时，能辨别出主人的声音，当听见主人喊自己的名字时，猫也知道是在喊它，但它就是不屑挪动半步。

但即使如此，人类依然觉得猫咪呆萌可爱，愿意费时、费力精心照料他们。

多数人看到婴儿或者外形类似婴儿的动物、玩偶，大脑便会释放一种叫多巴胺的化学物质，让人变得友善、乐于照顾弱小。这种现象叫可爱回应。人类的“可爱回应”能让人愿意照顾婴幼儿，从而保障了人类婴幼儿能够健康成长。

猫咪大眼睛、小鼻子的长相与婴儿相似，看一眼就能被它们的长相激发“可爱回应”。猫就是利用类似婴儿的可爱长相，来诱导人类对它有求必应。

另外，猫咪向人类讨要食物时的哀求声音与婴儿哭叫相似，听起来像是一个饥饿的小孩儿，在可怜兮兮地跟你要吃的。听到这样的声音，你还忍心拒绝它吗？

表面上是人类用食物驯化猫，事实上也许是猫在用自己的可爱驯化人类！

纯种猫的痛

猫是极受欢迎的宠物，一些外形漂亮可爱的品种更是深得爱猫人士的追捧。但这些品种的猫看着可爱，其实身体有严重缺陷，无法独立生活，只能依赖人类。

折耳猫的耳朵总是乖巧地扣在脑袋上，看着别致可爱。

其实这是软骨发育不全所致。这种疾病也影响它们活动，一些折耳猫不爱活动是因为它们关节软骨畸形，走路时疼痛难忍。

不少波斯猫都是白毛蓝眼，看着仙气飘飘，其实蓝眼猫多数耳朵都听不见。

加菲猫长着一张扁平的大脸，憨态可掬。但这种长相其实是鼻骨发育不全导致的鼻腔较短或鼻腔塌陷，很容易引起呼吸不畅甚至哮喘。

曼岛猫天生没有尾巴，虽然“无尾猫”听起来很可爱，

但这其实是脊柱发育不良。没有尾椎，脊柱容易裂开，泌尿系统也会频频崩溃。

人类培养这些品种的猫，也把它们的致病基因代代传了下去。由于这些品种的猫体弱多病，幼猫的夭折率很高，一些不良商贩为了牟利，昧着良心给病得奄奄一息的小猫注射血清或者兴奋剂，好让它们在顾客面前显得活泼健康，但小猫被领回家过不了几天便会病重身亡。因此，这类猫又得名星期猫，即只能活一个星期左右的猫。

大熊猫：谁动了
我的菜单？

大熊猫以前可是吃肉的。

大熊猫，咬合力仅次于北极熊，和棕熊齐平；在海拔 2000 米的山地里，奔跑速度能超过刘翔在平地的最高速度；能把 20 多米的树当杆子爬；能把三四头狼当垫子坐……

谁能想到，本该是食肉猛兽，本该是顶级猎手，如今却“沦落”到以竹子为生！它究竟经历了什么，才变成今天这副模样？

始熊猫：懒惰的开始

800 多万年前，大熊猫的祖先——始熊猫住在潮湿的雨林里。

那时，地球更暖和，降水更丰沛，食物来源非常丰富。基本上，始熊猫餐餐有肉，过着大熊猫演化史中最滋润的一段时期。

禄丰始熊猫

谁能想到，摧毁这份美好生活的最大敌人竟会是——气候！

冰期来了，全球气温骤降。一开始，始熊猫生活环境偏南，温度比较高，所以气候变化对它们来说没什么影响。

但是，没过多久，北边的动物受不了严寒，纷纷大举南迁！始熊猫的生存条件变得极度“恶劣”：环境骤变，争抢食物的彪悍对手多了，原来南方罕见的病菌也随着这

些“客人”入侵……

始熊猫几乎被推入了绝境。

为了求得一丝生机，只好把菜单改一改，找些其他动物不太爱吃的东西。终于，一种小众食物——竹子，映入眼帘，并推上餐桌。

吃竹子还是有些好处的。那时，竹子广泛分布在中国今秦岭地区及四川地区，存活率高、储藏量丰富且稳定，所以找起来不费力。更重要的是，竹子营养价值太低了，连食草动物都不屑呢，根本用不着抢。

禄丰始熊猫

于是，始熊猫就这样硬着头皮开始啃起了竹子。这一开口，不要紧，最终带来了令人瞠目结舌的演化途径和结果……

小种大熊猫：吃素的代价

连吃几百万年素，代价是高昂的。要知道，竹子营养匮乏，提供不了足够的热量，所以始熊猫演化着演化着，变成了一种叫作小种大熊猫的动物，体形只有藏獒那么大。

既然吃的没营养，那么为了保持能量平衡呢，小种大熊猫就必须多吃少动，结果也变得越来越胖。

时间来到100万年前，转机似乎出现了！

因为地质运动，秦岭、云贵高原拔地而起，挡住了北方来的寒风。气候开始变暖，森林逐步向北延伸，南迁的食肉动物也就回家去了。

大熊猫的生存空间得到了极大的扩充。然而，给它们机会也没用：几百年的习惯已经改不过来了，大熊猫逃不出这命运的牢笼……

正是因为好吃懒做，它胖成了一种叫巴氏大熊猫的动物，体形比现在大熊猫的更大。终于等到了不用抢肉的时

节，它却已经对肉没什么感觉，“堕落”成了圆滚滚、不爱动的素食动物……

如今，成年大熊猫每天要花上约一半的时间吃东西，有时甚至长达 18 个小时。它们适应了这种代代相传、毫无变化的生活模式，自身笨拙宽厚的体形随之成了难以摆脱的桎梏……

国宝档案：基因的奥秘

大熊猫没了肉食欲望，世代以竹子为生，不仅仅是受外界环境的影响。决定这份菜单更换的关键是基因。

吃素太久，大熊猫体内一个重要基因*T1R1*（决定食肉动物能不能尝出肉的鲜味）开始失效了。既然吃肉和吃竹子的味道也没什么差别，为什么还要辛苦捕食呢？

当然，在基因上，大熊猫还是食肉动物，也保留了很多食肉目的特征，比如牙齿、消化道之类。所以，偶尔也还会打打牙祭，掏只竹鼠，捅个鸟窝，吃点烂肉、腐肉。

另外，几百万年间，大熊猫都没能演化出消化竹子的基因，全靠寄生的纤毛虫在帮衬。纤毛虫相当于人类的肠道菌群，跟大熊猫有良好的“共生关系”，会在它们的消化道里寻找竹纤维，降解成糖分，提供一些贫瘠的养分。

难怪大熊猫要不停进食——得先喂饱了纤毛虫，才能获得维持生活的能量。

既然能量来源这么不足，为了能更好地活下去，减少过多的消耗，大熊猫还使出了一记怪招：无情无义的生育模式。大熊猫的孕期一般有 3~7 个月，生下来的小宝宝瘦小而脆弱，好像一只无助的小老鼠——哪里像大熊猫呢！

原来，大熊猫总是懒洋洋的，那是因为它们的 *DUOX2* 基因发生了突变，导致甲状腺素的合成减少，体内新陈代谢速率降低。体重 90 千克的成年大熊猫，代谢水平竟不到同等体重的人的一半 （人要是患上了甲状腺功能减退症，也同样会终日萎靡，出现跟大熊猫类似的状态。）

从表面上看，充满着基因缺陷的大熊猫似乎是演化失败的代表作。不过，从生物研究的角度看，正是大熊猫“好吃懒做”，韬光养晦，才能避开各种毁灭了同时代生物的灾难，巧妙地将古生物时代的印记藏于自身基因组之中，最终横穿800多万年光阴，呈现于我们面前。不得不说，这是一个不小的奇迹呀！

改变了人类
大历史的小土豆

王者之豆

在那山的那边，
海的那边
有一个小土豆。

海拔五六千米的地方，常年冰雪覆盖，气温波动剧烈，这样的环境，怎么看都算不上是沃土，但正如“乱世出豪杰”，艰苦的环境往往也能造就独具一格的物种。土豆便是走出大山，征服世界的独特物种。

王者之豆

可以说，土豆是粮食作物中的王者。它“威”名远播，仅中文名字便有许多个，我国各地人民对它的称呼不同，如土豆、洋芋、山药蛋、马铃薯、土芋……而且，它的品种繁多，广为人接受，仅南美大陆的野生品种就有上千种。除了我们常见的黄色球状之外，土豆还有绯红、姹紫、墨黑、圆球状、条带状、泡沫状……千奇百怪，各异其趣。土豆繁多的名字和种类，是对它征途的记录。

土豆的王者地位，还来自它超强的适应能力。16 世纪时，它开启征途，搭上了欧洲探险家们的航船，远渡重洋，第一站是欧洲。中世纪的欧洲气候阴冷，平均气温处在数百年来的最低点，作物生长受到影响，粮食产量低下，民众饥寒交迫，整个欧洲都笼罩着一层阴郁的氛围。这时，富含营养、易于种植的土豆“挺身而出”，成为了解决欧洲困境的希望。

但土豆却被欧洲当地民众当作了入侵者，理由莫名其妙，比如：因为“小麦向上长，指向太阳与文明，土豆却向下长，是指向地府的”，也许将它放进嘴里，就会堕入地狱。虽然这些排斥土豆的理由并不是事实，但吃了土豆确实可能发生上吐下泻甚至中毒身亡的情况，罪魁祸首便是土豆中的龙葵素。为什么我们吃土豆没有事呢？那是因为龙葵素主要存在于未成熟或者表皮发绿、已发芽的土豆中，食用正常的成熟土豆并不会有这样的风险。

王者代言

新事物从出现到被人接受，背后往往有关键人物在发挥作用。在土豆从被误解到变得流行的过程中，发挥关键作用的是欧洲皇室，他们堪称土豆的最佳代言人。

为了让土豆普及，让战争有备无患，普鲁士王国的腓特烈大帝非常努力，还想了一个完美的计划。

他派士兵把守种了土豆的菜园，这种神秘又珍视的态度，成功引起了民众的注意，他们不禁想着，难道土里埋

的是什么了不得的宝物？于是，在守卫们的故意疏忽下，在一个个月黑风高的夜晚，土豆成功地被民众挖走，种在自己的菜园里，土豆也因此在普鲁士扎下了根。

同时，土豆还成为普鲁士战争中的功臣。在那场夺取西里西亚的七年战争中，小国普鲁士靠着土豆的支援挺了下来，获得了战争的胜利。

如果说腓特烈大帝是让土豆在普鲁士普及的“先驱”，那么法国王后玛丽·安托瓦内特就是让土豆在法国流行起来的有力推手。这位美丽的王后引领着时尚潮流，她的穿着打扮常引得贵妇们争相效仿。有一次，在国王路易十六的生日晚宴上，王后头发上戴了一朵土豆花，看起来很别致，吸引了没见过土豆花的贵妇们的注意和效仿。她还要求国王在接待外宾时，在胸前别上一朵土豆花，成功地让土豆变得流行起来。

妈妈，早上吃什么？
土豆汤。
妈妈，中午吃什么？
土豆饼。
妈妈，晚上吃什么？
土豆泥。

王者的无奈

土豆在欧洲的扩张很迅速，土地贫瘠的爱尔兰迅速接受了土豆，受益于此，爱尔兰在180年时间里，人口增加了17倍。也因此，爱尔兰除了土豆，几乎不种其他粮食作物。

爱尔兰人对土豆的过度依赖，为之后的悲剧埋下了伏笔。

乘坐航船来到爱尔兰的晚疫病，将这座小岛弄了个天翻地覆。成片的土豆叶开始发黑、干裂，紫褐的病斑侵染

印第安人　　爱尔兰人

了土里大大小小的块茎。晚疫病暴发的第一年，爱尔兰全岛的土豆就减产了三成。到了第二年，情况变本加厉，收成只剩下四分之一。人们骨瘦嶙峋、形同鬼魅，躺在小屋角落的一堆脏稻草上。

惊世大饥荒过后，爱尔兰人口已锐减到不及原先的四分之一。为了活下来，当时许多爱尔兰人无奈背井离乡，乘坐航船前往美洲以谋生存。如今，美国爱尔兰后裔足有4000多万人。而这一切的源头，竟与这小小的土豆有着莫大的干系，是不是很是有趣？

后记

埋下种子，静待花开

说孩子听得懂的生命科学

奇思妙想 vs 踏实求知

我的童年时代是泡在书海中以及奔跑在田野里度过的。我的父母酷爱读书，印象中家里的藏书不下一万本。父亲在我年幼的时候就常给我讲《山海经》《西游记》，母亲则会挂着相机带我去拍花草，做标本。在能自主阅读后，我自然对《昆虫记》《本草纲目》等书兴趣盎然。不只乐于阅读，我还勤于实践。我着迷于生物的多样，鱼、乌龟、豚鼠、兔子、猫、刺猬……都是我家里的常客，养宠物的

过程中，我也收获了颇多乐趣。

回溯孩提时代，似乎我的人生选择，在那时候就打好了底色。

高中临近毕业时，我获得了多所大学的保送机会。我选择大连理工大学的原因，是它列了 64 个专业供我挑选，其中就有生物工程。

如果说童年对生物的兴趣与光怪陆离的想象有关，那么成年后走上生命科学的研究道路则源自踏实求知。

在华大基因工作期间，我读了博士，主持了不少科研项目，发表了 40 多篇论文。担任 CEO 职务后，我发起了不少公益计划，也开展了一些科普项目，为对生物科技感兴趣的朋友讲述科学故事。读者朋友中有不少小朋友，每次看到家长发来的肯定，我都欣慰不已。我和团队小伙伴们还常在中小学乃至幼儿园开办科普讲堂，孩子们的求知热情让我振奋，他们的知识面也让我惊讶不已，越发觉得科普是一件有意义的事。

在我小的时候，科普书的种类并不多，印象中只有《十万个为什么》《百科全书》是给孩子看的。到了我的

孩子这一代，我发现好的科普书多了许多，每每在亲子阅读时，那些优秀的科普书连我都看得很入迷，仿若童年重新来了一遍。但这些经典科普书大都引进自国外，不少科普大V推荐的少儿科普，绝大多数也来自国外。这也是我决定推出这套少儿科普的原因，我要让中国的孩子能看到本土原创的科普书。

在个人的成长过程中，我感受到，孩子的兴趣是能影响他的人生选择的。兴趣是最好的老师，如果说21世纪是生命科学的世纪，这100年里，中国的生命科学发展，有赖于几代孩子自发投身其中，希望有正在看这本书的孩子的身影。

静待花开vs拔苗助长

当孩子问你“我是怎么来的”时，你是怎么回答的？当孩子问你“为什么我们和蚂蚁不一样”时，你又会如何解释？与得到回答相比，学会提问是孩子更大的进步。在孩子问出有价值问题的时候给出同样有价值的回答，则是对父母更高的要求。

焦虑是现代父母的普遍心理。现代社会的精英教育模式与孩子出生便面临的竞争，不仅给孩子压力，父母也不轻松，恨不得让孩子样样精通，拥有十八般武艺。

事实上，生有涯，知无涯。孩子面对的是复杂而未知的世界，教会他如何与世界和自然平和相处，让他在俗世中感受幸福，是父母应该做的事。幸福感如何获得？比如求知探索，建立自信，找到兴趣所在，持之以恒地探索。

已知圈越大，未知圈也越大，求知不是单纯地学习知识，更多的是一种思维方式的锻炼，教会孩子从万变中找出不变，将未知变成已知，且不惧未知。

组成我们每个人基因的基石都是一样的，都是 A、T、C、G 四种碱基。你和万物相联结，和路边的野草是远亲，和鱼有 63% 的基因相似，和黑猩猩基因相似程度达 96%，和路人有 99.5% 相似的基因，遑论你的孩子，他们和你有

着最深的羁绊，最亲密的缘分。孩子的基因全从父母处来，但他们的人生却不受父母的限制。他们是自由的，是创造了奇迹的生命。

不要试图逼迫孩子对什么东西感兴趣。如果你想引发孩子对生命科学的兴趣，不妨自己先读这本书，然后化身尹哥，和孩子交流。相信孩子的问题会让你惊喜，你们之间的交流会让你惊讶。那是生命的神奇——一个弱小的、曾被全天候照顾的宝宝，脑袋里却藏着整个宇宙的奥秘。你会为此感到幸福。

沉浸式阅读

既然我立志要“说你听得懂的生命科学”，这个“你”，自然也包含孩子。在《生命密码》的知识点基础上，少儿版既做了难度上的简化，也用漫画的形式丰富了内容，以引发孩子们的兴趣，便于孩子们理解。

我们努力将每一个故事的发生场景化，让孩子们进入角色，沉浸其中，在体验中学习。

我们尝试为知识点配上漫画，通过视觉化效果既浅显又生动地传递信息。

相较于知识填鸭，我更倾向于互相提问和启发式地学习。我们把自己的思维放在和孩子的思维同一高度，平等地进行朋友式的沟通，激发孩子的内啡肽驱动性，让他由兴趣开始，去自发地学习。毕竟，科学也并非永远正确，但科学的价值就是让人类的认知在不断被推翻中前进。

故事里的小华、小宁，可以是我们身边每一个脑袋里装着十万个为什么的孩子。借他们之口，我们在问答中沟通，体会生命科学的趣味。如果你也有自己关心却没从书中得到解答的问题，欢迎在“尹哥聊基因”公众号留言告诉我们。

在我的想象中，会有那么一个早晨，当我老去的时候，有人敲开我的门，告诉我有多少孩子，是在童年的时候得到正确的引导，产生了对生命科学的兴趣，推动了生命科学的发展。这是世界的幸运，也是我的幸福。

谢谢你选择这套书，我们离“让生命科学流行起来”的目标又近了一步。少年强则中国强，当孩子对生命科学感兴趣，我仿佛已经看到了中国生命科学持续引领世界的未来。

你一定想不到

趣解生命密码系列

神奇的缤纷物种

尹 烨 著 杨子艺 绘

中信出版集团 | 北京

图书在版编目（CIP）数据

神奇的缤纷物种 / 尹烨著；杨子艺绘. -- 北京：中信出版社，2020.10（2024.6重印）
（你一定想不到. 趣解生命密码系列）
ISBN 978-7-5217-2079-2

Ⅰ. ①神… Ⅱ. ①尹… ②杨… Ⅲ. ①物种－少儿读物 Ⅳ. ①Q111.2-49

中国版本图书馆CIP数据核字(2020)第136783号

神奇的缤纷物种
（你一定想不到 · 趣解生命密码系列）

著　　者：尹烨
绘　　者：杨子艺
出版发行：中信出版集团股份有限公司
（北京市朝阳区东三环北路 27 号嘉铭中心　邮编　100020）
承 印 者：北京利丰雅高长城印刷有限公司

开　　本：787mm × 1092mm　1/16　　印　　张：3.75　　字　　数：540千字
版　　次：2020年10月第1版　　印　　次：2024年6月第6次印刷
书　　号：ISBN 978-7-5217-2079-2
定　　价：192.00元（全四册）

如果说生命是一套复杂的代码，那么我相信人类的代码中有爱。

愿每一个孩子在生命科学的世界里，发现新的乐趣和方向。

——尹烨

序言一

解读生命密码，发现更美好的未来！

尹传红
中国科普作家协会副秘书长
《科普时报》原总编辑

科幻小说中描绘的未来，正在以各种方式和惊人的速度，“浸入”到我们的现实生活里。而日新月异、时刻迭代的生命基因科学技术作为一支不容忽视的强大力量，已然开拓出种种新的可能，极大地扩充了我们对世界的认知，也必将对人类社会的未来产生深远的影响。

比如，成功的基因疗法让那些长期困扰人类的健康问题，从“根”上就能得到解决！我们已经获取了许多有关健

康问题的基因规律。相应地，就可以有针对性地制造新药或进行治疗。这一切，都是拜生命基因科学技术发展之所赐。

然而，对于被称为“生命的密码”的生命基因科学，我们又了解多少呢；你是否知道，为什么有的男孩子喜欢打篮球却不喜欢吹笛子；国宝大熊猫为什么喜欢吃竹子；憨憨的大象为什么几乎不患癌症；威猛的恐龙和猛犸象到底能不能复活……

翻开这套书吧，你会能惊喜地找到答案，并且延伸更多的思考。

在这套图文并茂、饶有趣味的书里，尹烨博士还从多个角度立体地阐释了生命基因科学的一系列基础问题：我们为什么不一样？地球上什么时候出现了生命？生命如何步步演化以适应严酷的生存环境？智慧是怎样诞生的？书中还以十分通俗的语言，揭示了地球上万千物种里的基因奥秘，描述了基因中的缺陷导致的疾病，并探讨了未来对这些疾病的治疗，展望了生命基因科学技术在治疗疾病、改善人类生活质量等方面的应用。

全套书在内容的选取上，也非常贴近日常生活。餐桌网红小龙虾、奇异的传粉昆虫、长寿的银杏、会摆头的向

日葵、争奇斗艳的花儿，还有让一些人着迷的灵芝……几乎每个部分都由一个鲜活、常见的生活话题，引出要探讨的有意思的生命科学话题。

为了让孩子们阅读时能更加投入，全书精心打造了故事人物形象。我们的作者化身博学多才、幽默风趣的“尹哥”，在书中耐心地为孩子们答疑解惑、指点迷津，将生命科学知识点故事化、场景化，让大家进入角色，沉浸其中，在体验中学习，在探索中思考。全套书中还配有将近500幅“自带生命”的手绘图片，它们生动、形象、谐趣，为每个知识点铺垫添彩，尽展科学魅力。

尹烨博士的这一新作堪称一部精彩的“生命之书”。相信孩子们读过后，对生命、生灵、自然、万物以及人与自然的关系等，会有一番新的认识和省思。

我为孩子们能读到这套书而高兴，也非常乐于向大家推荐这套优秀的生命基因科学探秘书。真诚希望这套书伴随着你们的阅读和思考，能够带给你们心智的启迪和精神的享受，并且增益你们的智慧，助力你们的进步，见证你们的成长！

解读生命密码，发现更美好的未来！

祝大家阅读快乐！

序言二

基因密码，打开绚丽多彩的世界

邢立达

古生物学者、知名科普作家
中国地质大学（北京）副教授

基因作为生命的密码，它所包含的指令与我们的生活息息相关。放眼望去，我们身边无论猫狗鱼虫，还是花草树木，这些动植物身上都携带着基因，各式各样，纷繁复杂。想不到吧，尽管表面看起来差异巨大，它们竟有不少与我们人类有着同样的基因！当然，基因的奇妙之处远不止于此。所以从这个角度来说，给小朋友普及一些与日常生活息息相关的基因知识，是启迪心智、开阔视野，带他们进

一步认识这个绚丽多彩的世界的良方。

我所熟知的尹烨博士写的这套“你一定想不到：趣解生命密码系列”，就是专门为小朋友讲解生命基因科学知识的书。

在这套生命基因科普书中，尹烨博士化身为青年科学家“尹哥”一角，和两个儿童角色小华、小宁，以及智能机器人小 D，一起代入故事之中，由科学家与孩子们的互动问答，串联起生动有趣的科普知识。书中从多角度立体揭示了基因的奥秘，不仅特别讲到了长时间困扰大家的热点话题，如地球何时出现的生命、生命是如何步步演化的、为何会有疾病、生命将走向何方等，也穿插了诸多个人见解和反思，是一套专门写给孩子的生命科学启蒙书。

完全可以这么说，尹烨博士用有料、有趣、有用的内容，科学严谨的态度，以及孩子看得懂的语言，轻松解答那些古怪又让人忧心的问题。他不仅对复活猛犸象等问题进

行了讲解和答疑，还用浅显的笔触，贴近日常生活的文字，诠释了生命之谜、之趣，毫无疑问，这是适合全家人一起阅读的生命科普佳作。

科普图书千千万，这套书可谓别开生面。它从基因着眼，从小朋友身边常见的鸟、兽、虫、鱼、花、草、树、木入手，更能让孩子近距离感受到基因的神奇之处。它通过讲述我们身边的生命科学知识，将喜闻乐见的话题融进生动活泼的故事，再辅以简洁易懂的文字和精美有趣的插图，如春雨般润物细无声，悄然呈现了遗传学、分子生物

学、基因组学、合成生物学等多个生命科学领域的知识，展现了生命之美。

想必这就是这套图书创作的初衷。

愿小朋友们多多学习生命科学知识，更好地了解我们人类自身，以及这个绚丽多彩的世界。

自序

写给小朋友的一封信

尹　烨

亲爱的小朋友们:

你们好!

我是尹哥，一名科技工作者，也是一名科普传播者。我特别喜欢生命科学，脑袋里有一堆和生物有关的故事，如果有小朋友问起，我的话匣子就关不上了，自己还常乐在其中。这不，我准备了一套书给你，里面是我给两个小朋友讲过的故事，还要向你们介绍一下我的小助手——智能机器人小 D，它也不时出镜，带给我们惊喜呢。

当你翻开这套书时，请想象自己的身体无限缩小，但

记得把自己的思维无限展开，因为我们就要开始一段奇妙的旅行，前面等着我们的，是一次次时空变幻，一个个奇妙物种，一片片新的领域，你会看到一些你原本熟悉却并不了解的事。

也许你会不理解，有什么事情是你熟悉却不了解的呢？举个例子吧，你肯定知道青蛙，也知道它对人类有益，但你知道青蛙为什么曾被人强制洗牛奶浴吗？你常看见蚂蚁，也知道蚂蚁是大力士，可你知道蚂蚁当农夫的历史比人类还要久远吗？你知道每个人都是独特的，也知道每个人都面临生老病死，可你知道为什么有的人生下来就有缺陷，而有的人老了会忘记一切吗？还有还有，你知道科技为我们的生活带来了便利，知道现代医学能拯救许多生命，可你知道如何能让瘫痪的人站起来吗？如何才能使已经在地球上消失的动物复活？

我们生活的世界实在是太神奇了，人只是世间万物中的一员，而且在地球历史上出现的时间并不算长。假如地球只有一岁，人在最后一天的午夜才站上食物链顶端。我们真的没有那么厉害，

自然界中许多动植物、微生物都有自己的过人之处，相对而言，在演化的长河中，人才是生存能力最弱的生物，而且，我们亏欠自然的也很多。要想继续待在食物链顶端，我们需要好好地向自然学习，与自然和谐相处。

我告诉你个小秘密，尹哥很可能是你的远远远房亲戚。别看我现在的个头比你们的大很多，但是，我们基因的相似度却很高。这就提示我们大概在几万年前，我们有着共同的祖先。还有啊，你也许没有想过，你和身边的万物都有联系。基因是我们的遗传物质，正是因为有了父母提供的基因，世界上才有了你。当你外出踏青的时候，你脚下的小草其实是你的远亲；当你在动物园里看动物的时候，笼子里看着你的猴子、猩猩、狮子、大象……都与你拥有着共同的生命基础——细胞和基因；当你吃下每一口食物的时候，你肠道里的微生物同样因为获得食物而活跃不已，从年龄来算，它们都算是你的先祖，如今寄居在你的身体里，帮助你消化食物，也控制着你的情绪和行为。

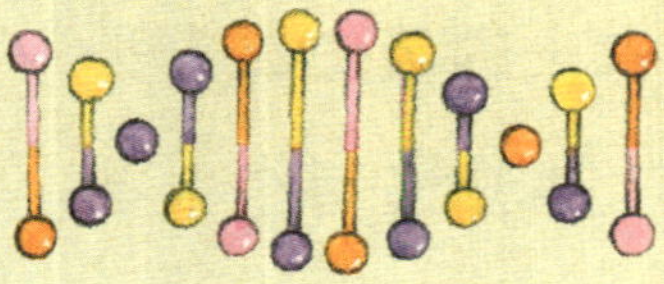

生命实在是太奇妙了，我已经迫不及待地要和你分享

你和它们的故事。世界实在是太广阔了，远到40亿年前，近到一秒钟之前，每一个时间刻度上都有说不完的故事，每一个地方都有神奇的事情发生。

你准备好了吗？这就和尹哥、小华、小宁、小D一起出发，开始这段有趣的旅程吧！

人物介绍

尹哥

作者尹烨的科普形象，睿智幽默的青年生命科学科普达人。

小宁

爱好生物的女生，细心认真，爱追根问底，有时候会有些害羞。

小华

对一切新事物好奇的男生，勇敢好学，爱动手帮忙，有时候会有些粗心。

小 D

生命科学智能机器人，能瞬间读懂每个生物基因组成，存储了现有生命的全部科学知识，有构建虚拟场景的超能力。

序曲

我们为什么不一样？

我们生而不同，无论是外貌、性格，还是习惯、喜好都不一样。正如“世界上没有两片相同的叶子”，世界上也没有绝对相同的两个人，即使是双胞胎也并非完全一样。

为什么我们会如此不同？答案便在基因里，甚至可以说，是它塑造了一切细胞生物，塑造了我们。每一个生命都对应着一本神奇的书，与生、老、病、死有关的所有信息，都被记录在内，我们不妨称它为生命之书。这本生命之书可不是用中文写的，它的语言体系叫碱基。碱基有A（腺嘌呤）、T（胸腺嘧啶）、C（胞嘧啶）、G（鸟嘌呤）、U（尿嘧啶）五种，其中，A、T、C、G组成DNA（脱氧核糖核酸），A、C、G、U组成RNA（核糖核酸）。

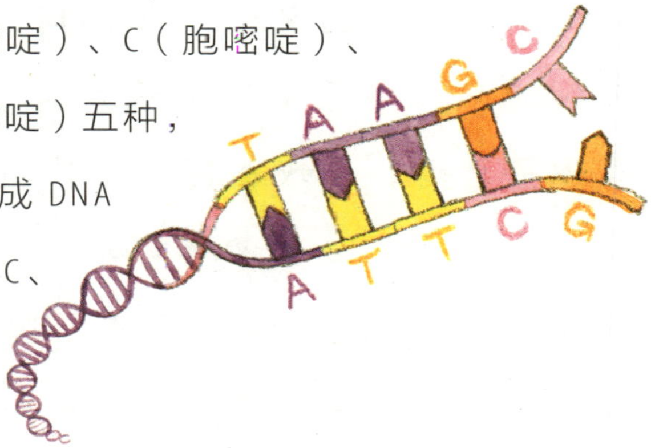

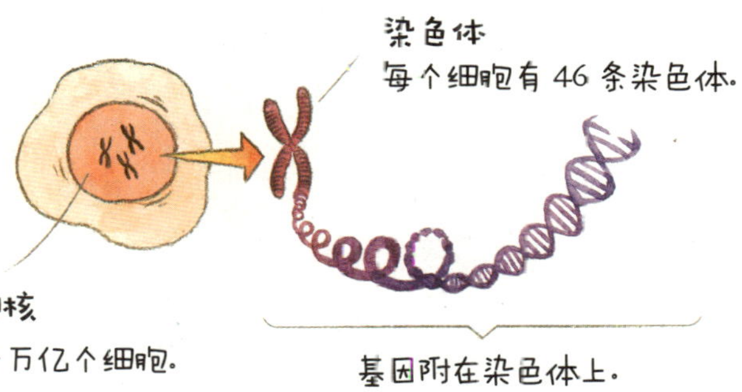

如果把生命比喻成乐曲，那么A、T、C、G就是乐谱，细胞则是演奏不同声部的乐手，生命体就是乐团。每时每刻，地球上都有新的生命乐曲奏响，也有乐团谢幕。

每支乐曲的风格不尽相同，比如苹果的听起来像摇滚风，香蕉的或许像古典乐，拟南芥和线虫的类似于童谣，而代表我们人类的，则是交响乐。

A、C、G、U这四种碱基，可以构成64个遗传密码子，共合成20种氨基酸。这20种氨基酸帮助人类合成所需的蛋白质，维持生命的正常运转。

A T C G

差点忘了介绍，我们人类的近亲有黑猩猩，远亲那可就多了：公园里的某棵树，树下晒太阳打盹的猫咪，树干上一步一步努力往上爬的蜗牛……如果我们能穿越到远古，甚至穿越到地球生命诞生之初，就会发现，孕育了世界多样性的，是在酸性海洋里悄然生长的有机物，它们正努力适应环境，孕育生命。

漫长的数十亿年过去，
在这颗蓝色星球上，生命来来往往。

有时上一刻还繁盛着，下一刻便离开了，
再也没有回来。

或许，
在不远的未来，它们有可能回来。

复活申请处

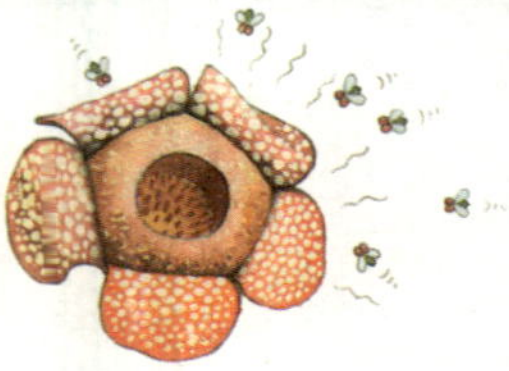

目录

癌
免疫

多糖

争奇斗艳的花儿

小宁的花粉过敏症又犯了，为什么尹哥却说花儿们的斗争又开始了呢?

植物装扮着地球，人类赞美着植物。像“桃之夭夭，灼灼其华”“晓看红湿处，花重锦官城”这样唯美的句子都是人类对花儿的描述。昆虫们也围着它们翩翩起舞，心甘情愿为它们授粉。

对植物们来说，达尔文的自然选择学说恰如其分。自然界的花草树木们都有自己的生存智慧，为了生存，各种策略轮番上演，不如来个排行榜，看看谁是最有心机的那一个。

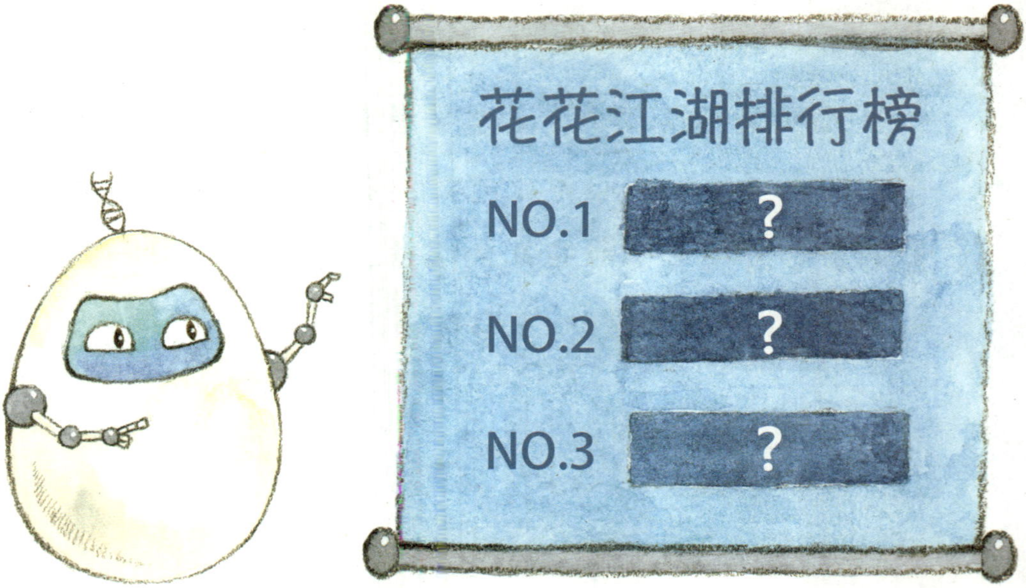

自力更生派

心机指数

花儿要孕育后代，总要让雄蕊的花粉落在雌蕊上。有的花儿崇尚自力更生，不借助外力，自己解决授粉问题。

一般的花，雄蕊和雌蕊是分开的，但立志要自给自足的花儿，让雄蕊和雌蕊长在了一起。雄蕊成熟后，花粉就会自然地落在雌蕊上，授粉过程就此完成。

但植物间也有近亲繁殖、后代质量不良的问题，不过花儿的解决方法比人类的聪明多了，它们演化出“自交不亲和性”，也就是柱头维护着授粉“治安”，一旦发现花粉是来自于自家的，便不会产生后代。要成功孕育后代的条件就是“两地亲家，基因不同”。

既然是两地亲家，怎么让雄蕊的花粉和雌蕊相遇呢？这就需要外部力量的帮助了，比如风，便是传粉的外力之一。

花粉

比如，玉米就是通过风来传递花粉的植物。一阵风吹来，便把雄花花粉带向四方，洒落在雌花的柱头上。

像这些靠自己和借助风授粉的植物，因为不需要吸引其他动物，往往不太喜欢打扮，大多素面朝天，既无艳丽的颜色，也无馥郁的香味，随遇而安，过着无欲无争的日子。

昆虫传粉

心机指数 ★★

风媒传粉的方式有时候不够准确。于是，一些花儿动了吸引昆虫来授粉的心思。如何吸引昆虫呢？花儿们各有绝招。

有的花儿从外表上着手，色素便是打扮花儿的魔术师。花儿五彩缤纷、万紫千红的模样，就是相应的色素在发挥

作用。色素家族里有花青素、类胡萝卜素、类黄酮、醌类色素、甜菜色素等，其中花青素最为百变，如果环境偏酸性，花青素会让花儿显得红光满面；若是在偏碱性的环境中，花儿便变得蓝幽幽的。假如碱性太强，花儿就会是一副蓝黑色的模样。

面对着多样的植物，昆虫们有自己的喜好吗？当然。比如蝶和蛾，喜欢红色的花儿；蜜蜂偏爱蓝色、白色、黄色的花儿。像昙花这类颜色素白的，就想了一个其他的招儿，晚上开花，吸引晚上活动的昆虫们。

除了颜色，花儿们还用气味吸引昆虫，闻风而来的昆虫们顺便就完成了传粉的工作。

值得一提的是，这些气味不尽是香味，还有臭味。有的昆虫喜欢香味，有的昆虫则喜欢臭味，比如苍蝇、甲虫就与蜜蜂、蝴蝶的品味不同，散发着腐臭气味的大王花、巨魔芋是它们的最爱。

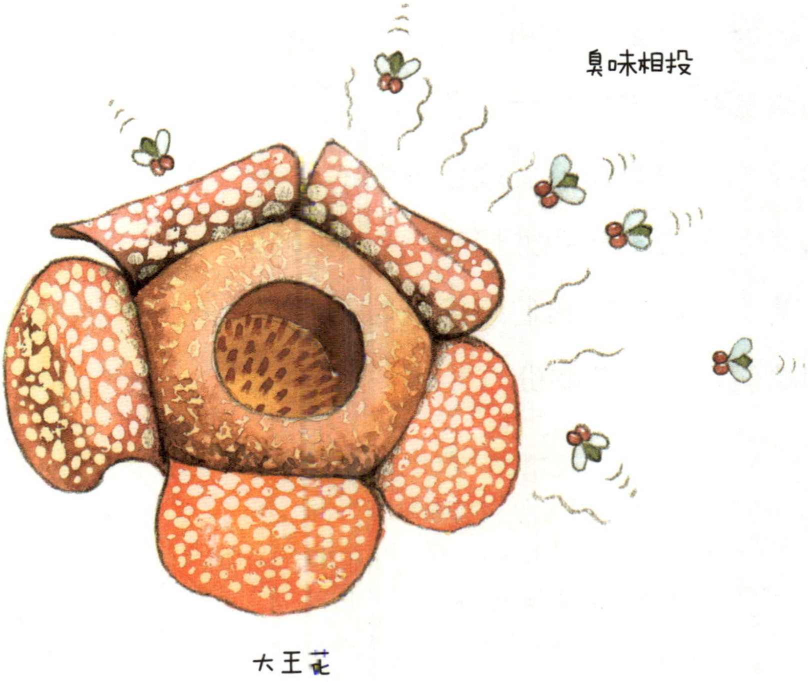

俗话说，色香味要俱全，许多花儿还能分泌花蜜，为的就是让昆虫们好好吃一顿，顺便蹭上些花粉，去传给另外的花儿，花儿的授粉计划才算完成。

等价交换

心机指数★★★

太依赖昆虫，花儿们也有些忐忑，万一有朝一日昆虫们从地球上消失了呢？那花儿们岂不是也要灭绝？为了避免这种状况出现，花儿们还有另一个计划。

体形小但快如闪电的蜂鸟，成为与蜜蜂角逐甜蜜食物的选手。这种只有成人手指长度的鸟儿和蜜蜂类似，用长喙吸食花蜜后，带着一身花粉离开，再飞到另一朵花上。就在它的辗转腾挪间，授粉工作就完成了。

还有的花儿会为了吸引某种动物，为它们“私人定制”独门绝技。比如食蜜蝙蝠就成了许多花儿争相吸引的对象。

古巴热带雨林里的蜜囊花想要吸引的对象是食蜜蝙蝠。我们知道，蝙蝠通过回声定位的方式来导航，蜜囊花就“投其所好”地演化出了勺子形状的叶子，这种叶子会强烈地反射蝙蝠发出的超声波，引得蝙蝠直奔而来。

美洲生长的一种藜豆，具有一个大大的花序，花序每次开一两朵花，花中有花蜜，结构独特，能够反射较强的超声波，吸引蝙蝠授粉。仙人掌科的老乐柱开花时候，会生长出厚厚的一层毛 形如毛毯。这张独特的毛毯能够吸蝙蝠发出的超声波，以强化花朵的空间位置，方便蝙蝠精准地定位到花朵，帮助其授粉。炮弹果（学名葫芦树）的花朵生长在树干之上，花朵富含蜡质，也有类似的功能，即在杂乱茂密的林下，将花朵突显出来，以便于蝙蝠定位，帮助其完成授粉过程。

蜜囊花　　　　食蜜蝙蝠

还有一种花儿大彗星风兰，要够得着它的花粉，得是一种口器长 30 厘米的昆虫。当达尔文这么推测时，几乎没有人相信，直到 1903 年非洲长喙天蛾被发现时，人们才意识到，原来真的有喙长 20～30 厘米的生物，专为大彗星风兰授粉。

植物们和动物们的这场合作互惠互利，看起来很公平呢。

占尽便宜

心机指数★★★★

有的植物很贪心，不愿意遵守平等交换的规则，总想着占便宜。比如少花虾脊兰，它并不能分泌花蜜，但为了吸引熊蜂，它长了红色的假蜜腺。天真的熊蜂总会被这假蜜腺吸引，兴冲冲地飞过来，却一再上当，等发现过来时，身上已沾满了花粉，白白充当了一回传粉使者。

看到熊蜂这么容易上当，其他的花儿也来欺负它。褐花杓兰就在每年熊蜂蜂王暂住时，用花瓣困住它，等到它离开时，花粉就会裹满它的身体，尤其是背部，熊蜂蜂王无法拍落，而趁它去另一朵花儿里暂住的时候，这些花粉就完成了一次传递。

蜜蜂兰（学名多花兰）算计更多，它竟就长成了雌蜂的样子，连花瓣上都有许多短毛，看起来像极了雌蜂腹部的绒毛。不仅如此，它还会散发出类似雌蜂性信息素的气味，吸引雄蜂到来。雄蜂蹭到一身花粉后，又飞往另一朵花儿，顺便把花粉带了过去。

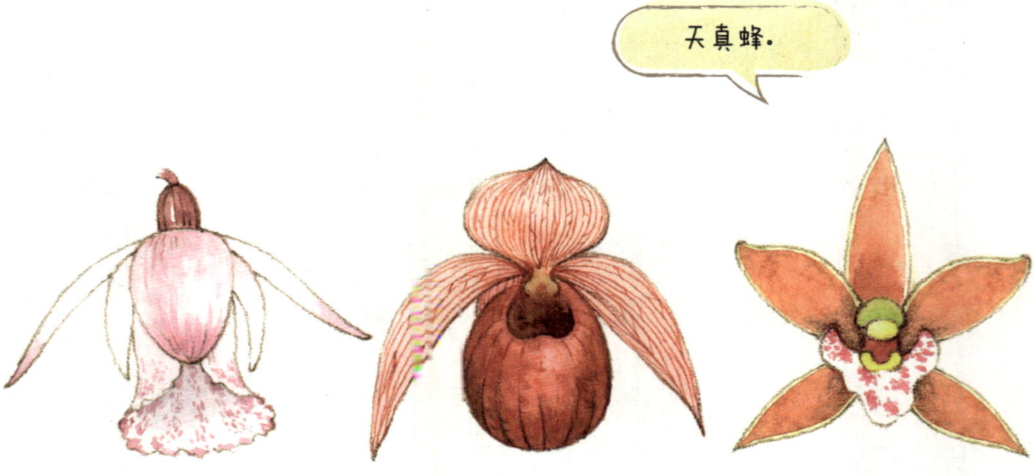

少花虾脊兰　褐花杓兰　蜜蜂兰

熊蜂

赶尽杀绝

心机指数 ★★★★★

要论自私程度之深，非提猪笼草不可。它的外表看起来像一个草笼，奇特却算不上美丽，不过它会散发出很浓郁的香味，还能分泌浓郁的花蜜，吸引不少昆虫前来品尝。可当这些可怜的动物喝了这些具有麻醉效果的蜜汁后，就会掉进内壁光滑的笼子里，被猪笼草分泌的液体消化掉。这个甜蜜陷阱，让为了满足口腹之欲的动物们丢了性命。

猪笼草

甜蜜陷阱

自然界在亿万年的演化中，匹配出了前文中所提到的那些授粉方式。如今，这些授粉“工人”，却面临着生存危机。拿工蜂来说，勤勤恳恳地工作，群体数量却在不断地减少。2006 年，美国科学家发现，有些蜂巢里的成年工蜂突然人间蒸发，剩下的全是幼虫、未成年的工蜂及蜂后，使得整个蜂巢陷入瘫痪。不止美国，世界其他地区也是如此。

这种现象被称作蜂群崩溃综合征，导致这种现象的原

因还不明确，可能是农药滥用引发的恶果，可能是寄生虫横行带来的灾难，也可能是蜜蜂们营养不良所致。

即使这些帮助花儿授粉的动物都灭绝了，花儿们还能靠人工智能授粉。科学家们正在研制一种机器蜂，重量不到 0.1 克，它们不仅可以飞，还能潜水、游泳，授粉工作对它们来说简直是小菜一碟。

环境保护是一个永恒的问题，虽然科学家会努力给出解决方案，但保护地球环境是我们每个人共同的责任。

植物界的“绿巨人”

其实植物界也有绿巨人，它们也非常厉害。

向日葵早在十九世纪就获得了著名画家凡·高的喜爱，当别人在画牡丹或蜀葵之类的花儿时，他独独钟爱画向日葵，这几乎成了他的标志。

追日一族

向日葵的外在美已被艺术家记录下来，它的内在美则引起了科学家的注意。虽然它只是一种植物，但却有着远大的理想和追求——太阳在哪儿，它还没发育成熟的大脸盘子就朝着哪儿，简直是追日一族。

有个希腊神话传说，说向日葵是海洋女神克吕提厄幻

化的。克吕提厄因为仰慕太阳神阿波罗，每当太阳神驾驶着一辆由四匹喷火的马拉动的金车，在天空中由东至西地巡游时，她的目光就跟着移动，渐渐地，她便融入了泥土中，成为太阳神最忠实的仰慕者。

为什么向日葵要朝着太阳转呢？科学家们发现，原来这是由植物生物钟调节生长素导致的。当太阳升起时，生长素就向茎的背光一侧集中，导致背光的一侧长得快，面向光的一侧长得慢，从外观上看，向日葵就成了“歪脖子”，并且歪向朝向光的一边。

白天，茎的东侧比西侧长得快，向日葵就追着太阳跑；到了夜间，西侧的增长更快，向日葵便摆动回来了。

如果没有太阳，向日葵还会摆头吗?

为了回答这个问题，生物学家将一些向日葵放到室内培育，在它们的上方放置了固定的光源。结果是，这些花儿仿佛能感应到太阳的移动，依然会继续来回地摆动几天。由此揭示出，向日葵的摆头并不是单纯地向光，而是内部的生物钟在“操控”着它的一举一动。

那么，如果人工设定一个昼夜时长，让光源模拟太阳移动，向日葵能不能实现准确“追踪”呢？

在一定范围内，向日葵确实可以做到追踪光源，当人工昼夜节律接近 24 小时的时候，向日葵仍旧追着人造太阳摆头。但是，当人工昼夜接近 30 小时，追上“太阳”就是奢谈了。

向日葵之所以逐日，是因为两种生长机制的作用。一是根据可获得的光，可以设置基本的生长率；二是靠着生物钟的控制及光的方向影响，茎在一个方向会比在另一方向长得更快。

但这种节律并不会持续一辈子。等到向日葵成熟，生长减缓，它就变成始终面朝东方的“面瘫”了。

成熟向日葵为什么始终朝向东方呢？原来，这是为了迎合采花的蜜蜂。如果早上面向东，向日葵就会升温更迅速，因而朝东的花盘更能吸引喜欢暖花的蜜蜂。当摆头不能再带来好处时，向日葵也就懒得继续奉献每日的表演了。

除毒卫士

除了会摆头以外，向日葵还有一个神奇的能力——吸收放射性物质。

大部分动物都不可长时间暴露在紫外线下。放射性物质散发的 α、β、γ 三种射线能够破坏 DNA 分子。如果辐射剂量过大，DNA 修复机能跟不上的话，就会产生严重后果，如白细胞减少、内出血，甚至死亡。

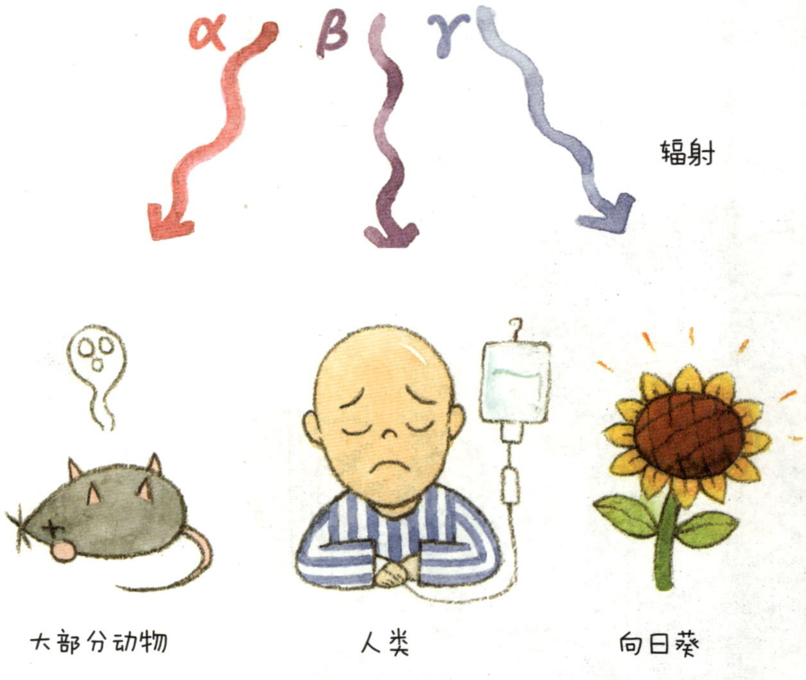

更可怕的是，核辐射的影响不会很快消散。如果长期生活在受污染地区附近，健康会深受影响。吸入的放射性物质会在人体内慢慢积聚，令癌症产生的概率大幅提升。

如今，核技术已经应用于我们的生活，基本上是安全的，但几十年来也发生过几次核泄漏的事故，威胁着人类以及其他生物的生存。

1986 年，切尔诺贝利核事故发生后，核电站附近出现了严重核污染。但科学家意外发现，在一个池边生长着向日葵的池塘中，放射性污染物被清除殆尽。

向日葵能迅速吸收土壤中的养分，而在土壤遭遇污染时，向日葵的这一特性并不会改变。通过根部，向日葵可以吸收土壤中的污染物，将毒素存在体内，这也是向日葵能清除核污染物的原因。

2011 年 3 月 11 日，日本福岛发生了极为严重的核灾难。在一次地震引起的海啸中，

福岛第一核电站严重毁坏。更可怕的是，三座反应堆的供电和冷却系统也停止了运作。这意味着大量放射性物质进入了大气和海洋中。

为了尽快消除核辐射对环境的影响，人们在福岛的周

围种上了800万株向日葵，以及其他一些有富集能力（生物个体从周围环境中蓄积某些元素或难分解的化合物）的植物，如芥菜和苋菜。

向日葵如此神奇的能力究竟是怎么来的呢？答案就在它的基因组里。

葵立“基”群

研究发现，向日葵演化过程中比大多数生物多发生了两次全基因组加倍事件。全基因组加倍又称全基因组复制，向日葵的全基因组在经过两次复制后，染色体又发生了至

少 17 次断裂以及 126 次融合，最终形成目前的 17 条染色体。因此，这 17 条染色体上承载着大量的重复片段。

我们尚且不清楚这一系列的演化事件对向日葵造成了什么样的影响，但现在科学家们能肯定一点：正是这样的基因组，才让向日葵拥有着超强的抗辐射技能。

向日葵的美已被艺术家记录，它的异能也正在福岛上发挥作用。如今，科学家们正试图通过基因揭秘，以求探究更多物种奥秘。

每个人都有与众不同的地方，你的异能是什么呢？就等你自己来揭秘吧！

千年神草？
它就是一朵大蘑菇

电视剧里正在播放千年灵芝可以让人起死回生的片段。

灵芝可没有这么厉害!

在家喻户晓的故事《白蛇传》中白素贞，为了救许仙，历经艰辛，去昆仑山寻找灵芝仙草。结果因为这棵千年灵芝，许仙起死回生。同样，也是这枚千年的神草，救活了《三生三世十里桃花》中的墨渊。在神话传说中，不管是提升修行还是起死回生，灵芝往往成为人们的最佳选择。

其实，传说中能让人起死回生的神草——灵芝，早就被科学家们拉下了神坛。但有很多人，仍然相信它有着神奇作用，不惜花大价钱购买，上当受骗的人可不在少数。

蘑菇也能包治百病?

对于灵芝到底是灵丹妙药，还是普通蘑菇这个问题，总有不同的意见在“打架”。传说中，灵芝无所不能，包治百病。

但传说就是用来打破的，明代李时珍和现代一些生物学家，都一再置疑过被过分推崇的灵芝的药用价值，李时珍就在《本草纲目》中提出：“芝乃腐朽余气所生，正如人生瘤赘。而古今皆以为瑞草，又云服食可仙，诚为迂谬。近读成式之言，始知先得我所欲言，其揆一也。”意思就是说，灵芝长在腐朽的树根上，跟人长瘤子一样，哪来的仙气？反对人们对灵芝的过分崇拜。

在现代生物学家看来，灵芝和香菇、鸡腿菇、杏鲍菇、金针菇是同类，它们之间的区别之一是，没有人在吃火锅的时候放灵芝。

那么问题来了，灵芝傲娇了这么多年，难道凭的只是年龄？只不过，这个年龄也常常经不起推敲。

真有千年的蘑菇？

人们常说“千年灵芝”，其实这种植物的年龄并没有上千岁。灵芝的生长期，大概只有一年，三四个月便能成熟，待繁衍后代之后，灵芝就会停止生长，要么腐烂，要么木栓质化。传说中的千年灵芝，大多是木质化的灵芝，并无药用价值。

有的“灵芝”看起来很大，可它连灵芝都不是，而是树舌——灵芝的近亲，一两年时间就可以长得非常大，一个大人双手环握都握不住。

看来，灵芝被吹嘘起来的价值，也只是满足了商贩的利益而已。

灵芝的真实价值

虽然灵芝的神话光环被打破，但它实际上也并非一无是处。研究表明，它对个别疾病有帮助，能增强人体免疫力。科学家研究发现，灵芝菌丝水提取物对减轻小鼠体重、改善小鼠肠道菌群等起到一定作用。

如今，灵芝已经实现人工种植，这又带来一个新问题——吸收天地灵气、沐浴日月光华长大的灵芝，会与人工培育的灵芝存在着差别吗？答案是有差别的，但差别主要体现在价格上。研究者们经过检测发现，野生和养殖的灵芝，营养成分其实是差不多的。

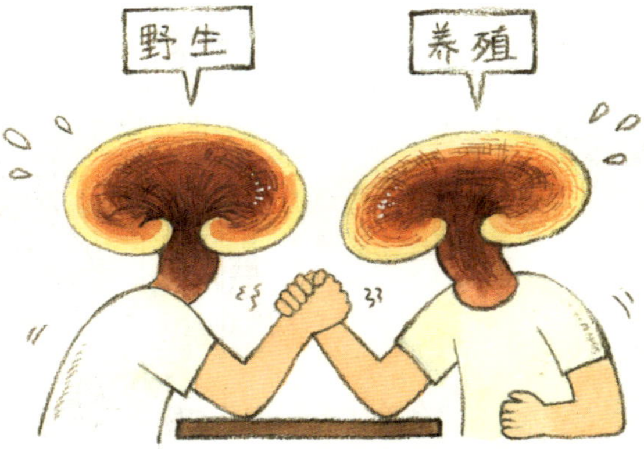

势均力敌

常见的保健品骗局中，主角可不是只有灵芝而已，听到吹嘘百年何首乌、千年人参的，我们就更应该要提高警惕。除此之外，还有一些没有科学依据的食物，服用后不仅不会让人更健康，还会对人体带来伤害。尤其是菌类，不少是有毒的，千万要注意识别。

中药材是一个需要仔细选择的宝库，结合现代医学与基因科技知识，未来或许会发现更多对人体健康有益的药物。

麒麟？长颈鹿？
傻傻分不清

当代脖子最长的动物是？
长颈鹿！

要说动物园里的网红，长颈鹿一定算一个，每次去都看到一层又一层的人在围观，排在后面的都得踮着脚伸长脖子去看，倒像是在模仿长颈鹿了。

围观长颈鹿

指鹿为麒麟

在古代，人们可没多少机会看到长颈鹿，这种来自非洲的生物，在明代时曾被当时的榜葛剌国（今孟加拉国一带）作为贡品献给永乐皇帝朱棣。大臣们面面相觑，都不知道这个几米高、脖子约占身高一半的庞然大物究竟是什么。

一筹莫展之余，他们开始从古书中找答案：这和麒麟的描述很像，说不定就是祥瑞麒麟啊！于是，翰林院修撰沈度把皇帝夸了一通，说正因为皇帝仁德，才出现了祥瑞麒麟啊。现在的我们一看就知道，什么麒麟，这不就是长颈鹿嘛！

为什么长颈鹿的脖子那么长?

不止是我国先民曾对长颈鹿产生误解，就连给长颈鹿起名的卡尔·冯·林奈（瑞典博物学家，动植物双名命名法的创立者），也因为没有亲眼见过长颈鹿，而起了一个并不贴切的名字“Cervus Camelopardalis”，它直译为“长着豹纹的骆驼”。

卡尔·冯·林奈

虽然名字中有“鹿”字，但长颈鹿其实与鹿只是远亲。现代长颈鹿的祖先叫萨摩麟，在演化之路上与长颈鹿分开的生物叫獾㹢㹢，它曾被误解是长颈鹿与斑马的后代，可实际上它与斑马并无关系。

那么，为什么长颈鹿长了个长脖子呢？原因众说纷纭。根据法国生物学家拉马克的用进废退理论，长颈鹿的脖子是由于经常啃食高树上的叶子而越变越长的。可达尔文却不同意这一点，根据他的自然选择学说理论，他认为长脖子和短脖子的长颈鹿都曾经存在过，只不过在干旱时期，能吃到高处树叶的长颈鹿才活了下来。还有科学家认为，长颈鹿有着长脖子，就跟孔雀能开屏是一样的道理，都是为了寻找伴侣，在伴侣争夺战中，脖子越长，胜算越大。所以长颈鹿为什么有个长脖子，至今还没有定论。

凭实力圈粉

长颈鹿脖子长，个子高，走路优雅，跑起来潇洒，速度 60 千米 / 小时，能轻松追上一辆行驶在城市道路上的小汽车。除了网红外表，长颈鹿也是很有实力的，要想放倒它可不那么容易，即使是狮子，也得群起而攻之才能有获胜的把握。

别看成年长颈鹿如此厉害，其实它的成长过程充满了

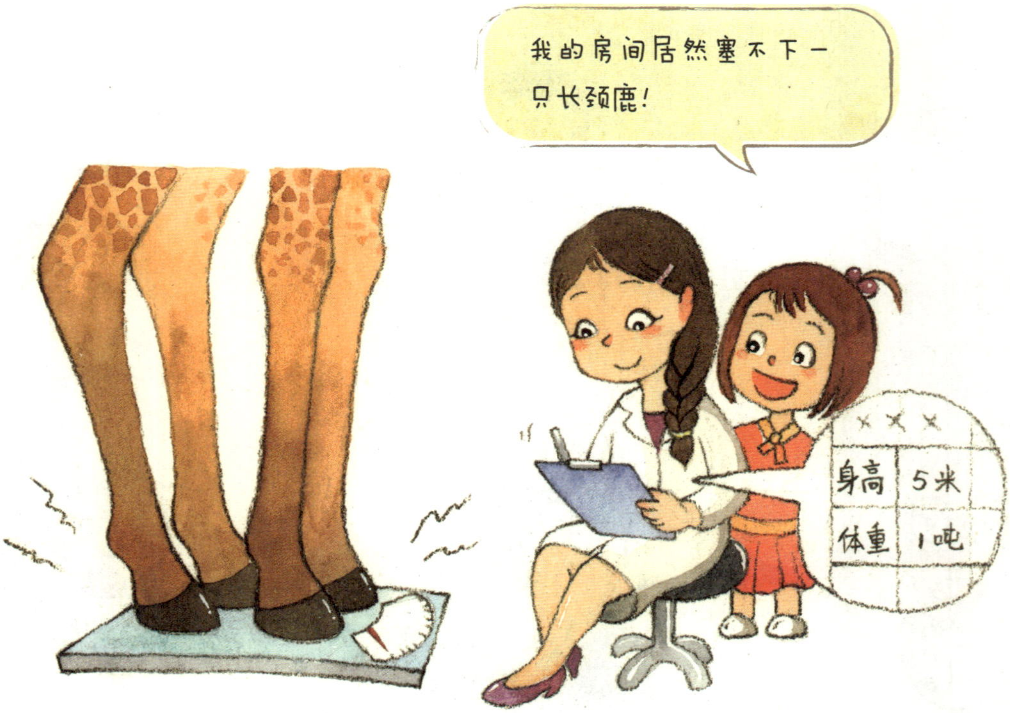

危机。从出生的那一刻起，长颈鹿就面临着挑战。由于妈妈是站着生它的，这就意味着它得从两米高的地方摔下来。而且，在自然界中，为摆脱天敌的追捕，小长颈鹿在生下后的数小时内就要练就奔跑的能力，实属不易。它睡觉的时候也常常不得安稳，得竖起耳朵时刻提防捕食者的威胁。虽然成年长颈鹿能站着睡，而且一天睡两个小时就好了，但还未长大的小长颈鹿可是得老老实实躺着睡觉。由于腿太长，站起来往往都得花上几十秒，这让它被捕食的风险大大增加。正因为这些“成长的烦恼”，每四只长颈鹿中，只有一两只能活到成年。

这些艰难存活下来的长颈鹿，往往看起来比较低调。如果你留心，会发现似乎没有听到过它的叫声，这也太沉稳了吧！难道长颈鹿是哑巴？还是压根就没有发声的声带呢？

事实并非如此，长颈鹿不叫，要么是因为不想让你听到，要么是没到时候，还可能是因为懒。

其实长颈鹿不仅有声带，而且会叫。2013 年，美国科学家在研究中发现，长颈鹿之间可以通过人耳听不到的次声波来进行非常复杂的交流，而且有些叫声人耳是能听到

的，比如小长颈鹿在找不到妈妈或者受到攻击的时候，会发出如牛一样的“哞——哞——”声进行呼救。而成年长颈鹿长得高、看得远、跑得快、腿力强，能够轻松应对各种情况，自然用不着呼叫伙伴了。

生物听觉研究专家米塞塔勒博士指出，长颈鹿的声带中间有个浅沟，发声不是很容易。而且，发声是个立体工程，

要靠肺部、胸腔和膈肌的共同帮助。但是长颈鹿这个脖子实在太长了，所以叫起来颇费力气，不常发声也是情有可原的。

高大的长颈鹿，自然也得配备一套强大的心脑血管系统，不然分分钟会因为供血不足而倒地死去。它的心脏必须有很强大的压力，而且血管壁要厚，这样才不会轻易因为强大的血压变化而破裂。而引起血压变化的，可能只是长颈鹿稍微低头的小小动作而已。

长颈鹿的这些特性，也许与它独特的*FGFRL1*基因有关。

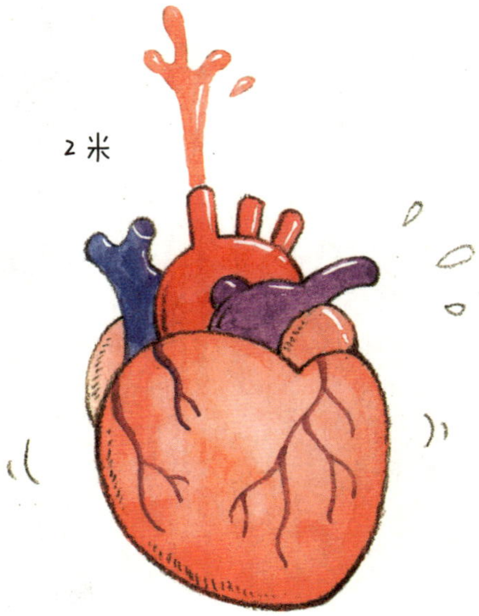

这个基因能对特定的编码进行重排，令蛋白质结构发生置换。*FGFRL1*就像一个混曲音响师，通过混写编排老歌曲，给原有专辑添上新的灵魂。那么，*FGFRL1*需要跟谁合作，才能最终达到“骨骼清奇”的效果呢？

原来，在长颈鹿的基因组里，有大约70个基因有演化的迹象，其中4个分管脊椎和腿部的生长。在*FGFRL1*的刺激下，这些基因开始发挥作用，刺激骨骼生长，长脖子和大长腿应运而生。在大约这 70 个基因里，还有另外 8 个与血压调节和心脑血管功能有关，所以长颈鹿才会拥有独特的心脏和循环系统构造。

即使实力很强，长颈鹿也不免面临灭绝的风险，人类偷猎、砍伐森林等破坏行为已经使长颈鹿的数量越来越少。如果这样继续下去，也许再过百年，人类真的只能在书上看到长颈鹿了。保护环境，保护动物，需要每个人的努力。

牡蛎：史上
最强“木头人”

1，2，3，我们都是木头人。
谁也赢不了我，我能一动不动！

不少人与牡蛎的初次相遇，是在餐桌上。牡蛎究竟有多美味？这一点要问法国人。法国作家莫泊桑写过一篇小说《我的叔叔于勒》，里面对漂亮太太吃牡蛎的细致描述，可是让不少人不禁流下口水。

法国人曾是牡蛎的头号粉丝，他们沉醉于牡蛎与舌尖接触带来的感受，酸甜苦咸鲜五味俱全。牡蛎富含锌以及蛋白质，对人体有好处，尤其得到男性的喜爱。

为了让法国人都能享受到美味的牡蛎，19 世纪中期，法国开始人工养殖牡蛎，全国年产量直达 1 万吨。

如今，牡蛎也成为我国人民颇为青睐的海鲜之一。2018 年，全国牡蛎产量已经达到了 514 万吨，是全世界牡蛎产量最多的国家。

水中“植物”

幼年的牡蛎能在水中游动，寻找合适的栖息地，而成年牡蛎失去了移动能力，没有办法选择新的环境。定居后的牡蛎就像种在水中的植物，不能离开定居的环境，只能

依靠自己强大的适应能力，来应付多变的生活环境。

牡蛎的适应能力非常强大，潮间带（陆、海交汇处一个相当狭窄但具很高生产力的区域，其范围包括从最高高潮水面至最低低潮水面之间的区域）温度、湿度、露空情况的变化，牡蛎都能轻松适应，甚至重金属和病原体这样的生物杀手也往往对牡蛎无计可施。

虽然不能挑选居住环境，但牡蛎却常主动改造环境。如今，水源污染已不是新鲜话题，重金属、病原体等都威胁着水中生物的健康，有的生物可以从这些糟糕的环境中逃走，牡蛎却不行。牡蛎的食物是水中的浮游生物，牡蛎就静静待在水里，一张一合之间，将食物吞进腹中。它进食的时候，还能顺便净化海水。虽然牡蛎是许多人喜爱的

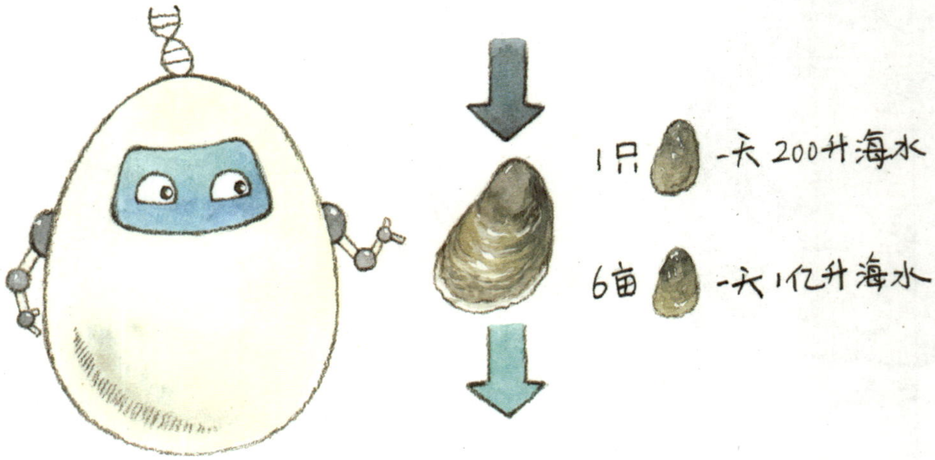

食物，但吸收了重金属等污染物的牡蛎，不宜食用。

牡蛎极强的环境适应能力得归功于基因。虽然是一种小型动物，但牡蛎基因组的复杂程度远超我们的想象。

科学家们测序了牡蛎的基因组序列，发现其虽然只有约 500Mb 大小，但杂合程度特别高，不同品种之间的基因组差异都大得宛如两个物种之间的基因组差异。这让全部测序分析工作花了整整 4 年才完成，差不多从北京奥运会时开始，到伦敦奥运会时才结束。研究结果发现，牡蛎基因组的变异频率比一般物种的高得多，更是人类等哺乳动物的 10 倍以上。基因组复杂化能带来更多的基因可能性，来适应严酷的环境。

事实上，牡蛎拥有数以千计用来抵抗逆境的基因。在 60 多种不同的逆境应激下，牡蛎有 5800 多个基因会发生明显的表达变化。

坚强本色

在多种蛋白质的影响下，牡蛎具有坚硬的外壳，既能保护自己，还能作为建筑材料受人青睐。

话说福建泉州的洛阳桥，已经屹立了千年而不倒，虽然古代能工巧匠甚多，但像洛阳桥这样坚固异常的建筑也实属罕见。究其原因，桥墩是关键。古代建筑师想了个奇招，在桥墩上养牡蛎，一层一层越长越多的牡蛎，成了最好的桥墩加固剂，千年间不断自我修复，这才让洛阳桥留存至今，成为中国四大名桥之一。

牡蛎不仅能被动适应环境，它还会主动改造自己，比如性别。自然中的牡蛎，有的雌雄异体，有的雌雄同体。有时候环境改变，牡蛎的性别也会随之改变，真的是一种随遇而安的物种。

性别的不确定性，让牡蛎有着多样化的生殖方式。雌雄同体的牡蛎能自己产生精子和卵子，自行孕育下一代。有公母之分的牡蛎，则各自产生精子和卵子，让它们在水中相遇，自由结合。这种情况下，就要有数量巨大的精子和卵子作为前提，才能保障受精卵数量，从而保证幼体数量。

管他潮起潮落，我自岿然不动，牡蛎无愧是“潮起潮落中的海礁之王”。

餐桌网红
小龙虾的故事

妈妈说吃多了小龙虾会生病的！
你们吃我还说我坏话，太不厚道啦！

中国好吃的东西特别多，只要你想，可以一年到头不重样地享用美味。有那么一拨美食爱好者，特别期待夏天的到来，因为小龙虾总会在这时闪亮登场，清蒸、爆炒……怎么做都好吃，听听都让人食指大动。

我国已成为世界上最大的小龙虾生产国，还出口到欧美，毕竟，独乐乐不如众乐乐，美食是属于全世界的。

小龙虾哪儿来的？

虽然如今中国大量养殖小龙虾，但实际上，小龙虾并

非诞生于我国。北美密西西比河的河口才是小龙虾的故乡。

后来，日本人漂洋过海地将小龙虾带回日本，这些来自美洲的小龙虾和日本小龙虾开始了地盘争夺战。

不久后，小龙虾被带到中国南京，那儿没有小龙虾的同类，远在东北的鳌虾也不是它的对手，很快，这些小龙虾横行全国。也不知道算幸运还是不幸，这些“霸主”的归宿，大都是国人的餐桌。

小龙虾之所以有如此强大的战斗力，与它超强的适应性与繁殖力有关。它对住宿环境不挑剔，田间沟渠、沼泽、

湿地、池塘浊水……哪儿都行，对吃什么也不在意，死鱼、烂虾、朽木、枯叶……来者不拒。随遇而安的小龙虾，抓着机会就疯狂繁殖，也没有生活在别人地盘的自觉，总是占别人的地盘，让别的生物无处可去。

黑锅从天降

可能是小龙虾太高调，所以总上“热搜”。热搜排行榜上总能看到它的身影：“小龙虾生活在污水中，重金属含量超标！”“吃小龙虾会让人患横纹肌溶解症！”

虽然小龙虾对居住环境没有要求，在重金属超标的环境里也能生活，但它也不会傻到让重金属毒害自己。它往往将吃进肚子的重金属逼到外壳上，脱壳的时候，将这些聚集了重金属污染物的壳甩掉，便又是一只身体棒棒的小龙虾了。

在现代化养殖环境下，小龙虾需要经过重重检测，才能走上餐桌。我们在吃的时候还得去掉外壳、鳃和虾线，便不太可能出现重金属摄入过量的情况。

而且，小龙虾能在污水里生存，可不代表它们喜欢在污水里生活，它们最喜欢的还是清洁的水域。

上海、深圳、绍兴等地曾有几例报道提到，有人吃小龙虾后患了横纹肌溶解症，生命垂危。这种读起来拗口的疾病，不仅会破坏人体肌细胞，造成人体肾功能损伤，严重情况下甚至会引发生命危险。

其实，横纹肌溶解症的病因有很多，并非小龙虾的专属，不少水产品都可能引发这种疾病。除此以外，过量运动、挤压伤、缺血、高烧、感染、代谢紊乱也都是肌溶症的主要病因。

所以，正规渠道购买的小龙虾可以放心食用。毕竟小龙虾不仅美味，还有丰富的营养。

实力虾

小龙虾是一种低脂高蛋白的水产，肉质中含有丰富的镁，能预防心脑血管疾病，虾青素还具有很好的抗衰老和抗癌功效。

不仅如此，小龙虾还有一门绝技——神经再生。对人类来说，神经损伤是不可修复的，无法再生。但小龙虾能

做到，即使神经受损，它也能自己修复。如果人类通过研究小龙虾，也能掌握这门绝技，将会减少世间的许多遗憾。

自然界中的生物总能给我们带来许多灵感，美味又有异能的小龙虾，实在不应受到谣言的攻击，值得我们用心对待。

一只青蛙的旅游奇遇记

傍晚，尹哥和小宁、小华一起在树林中散步，看到一群小青蛙围着一只正在讲故事的青蛙，他们也听了起来。

当我还是一只小青蛙的时候，妈妈告诉我，要好好在呱呱学校念书。作为一只听话的小青蛙，我很努力地读书，每次考试都名列前茅，一直读到博士毕业。

毕业那天，妈妈递给我一个包裹，她说："读万卷书不如行万里路，你书读得够多了，是时候到外面的世界去看看了。"于是，在接下来的好几年里，我开始了环球旅行。

妈妈说得对，外面的世界很大，也很美。我见到了委内瑞拉安赫尔瀑布，看到了常年覆盖皑皑白雪的阿尔卑斯山，瞻仰了埃及的神庙，流连在玛雅古迹；我到过美国大峡谷，走过丝绸之路，在土耳其坐过热气球。1693 天，

80 多个国家，20 多万公里，妈妈说的我都做到了。

旅行中，除了美景，我也遇到了很多生物，有捕食失败的北极熊，忙着带孩子的袋鼠，跟我们差不多大的猴子，会种蘑菇的蚂蚁……最让我印象深刻的，还是我们蛙一族。

牛奶浴初体验

有一次，我走到了俄罗斯的森林里，发现居然有一户人家，养了一头奶牛和两只鸡。我正在牛棚里休息的时候，发现了一只同类，他正在等着什么。我问他，他很神秘地说："待会儿你就知道了。"

过了一会儿，我看到一个男人拿着一个桶来挤奶。等奶挤完，我旁边这只原本很懒散的青蛙一下子跳了出去，一个猛子扎进了牛奶桶里。我差点惊叫出声，生怕他被挤牛奶的男人抓住，没想到这个男人只是看了桶里的青蛙一眼，拎着桶就走了。那只青蛙还招呼我快跟上，我慌忙跟着他们进到屋里。

等男人离开了，我赶紧问正在桶里泡澡的那只青蛙：

“这到底是怎么回事？”

他不慌不忙地说：“对他们来说，我就是储存牛奶的冰箱。”

我的嘴巴张成了O型，久久闭不上，要知道，同样是青蛙，我可从没承担过这样的使命。

“不懂了吧，在我们俄罗斯，自古就是这么做的，现在有冰箱了，许多人也就不用我们了。”他斜着眼看了我一眼，淡定地说。

“这……”我还是惊讶得说不出话来。

“严格来说，咱俩不一样。我们这些生活在欧洲和西北亚的青蛙，身上可是有绝技的。”他得意地说。

“什么绝技啊？”我顿时有些崇拜他了。

他在牛奶里翻了个身，不紧不慢地说：“我们自带抗菌能力，即使受伤了，也从来不打针吃药的。所以 只是不让牛奶变质这个小事，自然不在话下。”

最后，在他的极力邀请下，我体验了有生以来第一次牛奶浴，别说，感觉还真不错。

战争初体验

要说离死亡最近的一次，就是在南美洲了。在那里，我遇到了一群五彩缤纷的蛙，个体小小的，身长不超过5厘米。他们很漂亮，躺在绿叶丛中，像一个个精美的装饰品，让人很想与他们亲近。

我刚走近一步，就被他们发现了，他们似乎很紧张，看到我以后，明显松了口气。

“你是谁？来这儿干什么？”他们一开口就是审问的架势。

“我是来旅游的，碰巧走到这儿了。你们也是青蛙吧？”我赶紧说。

“我们是箭毒蛙，你走远一点，别过来。”他们说，看起来很不好接近啊。

我只好站在原地跟他们对话，“好的，我不过来，我在外面旅行很久了，看到同类觉得很亲切，而且你们很好看。”

那只跟我对话的蓝色箭毒蛙刚想开口，突然脸色一变，和同伴说：“快跑，他们又来了。”

他们四散狂奔，吓得我也赶紧跟上，匆忙间回头一望，看到一群拿着长矛的印第安人追了上来，他们用裹着厚厚树叶的手，抓走了几只箭毒蛙。

到了一个树洞口，这群箭毒蛙才停下来。“进去休息一下吧。”

损失了几位同伴，大家情绪都有些低落。看我欲言又止，那只蓝色箭毒蛙说：“那些人是来抓我们的，因为我们身上能分泌致命的剧毒，他们拿我们的毒液来做武器。”

我很惊讶，这么美丽的蛙，居然有毒?

蓝色箭毒蛙似乎看出了我的疑问，说：“毒液是我们保护自己的方式。而且，我们只有在吃了毒蜘蛛、毒蚂蚁的时候才有毒。”

我突然想到一个不解的问题：“你们自己会中毒吗？”

“不会，我们有特别的基因，这些毒液不会影响到我们。”

我忙点头表示理解，问道：“他们抓你们的时候，手上包着树叶，就是防止中毒吗？”

蓝色箭毒蛙冷冷地说：“对，要是不包树叶，他们的手轻则出疹子，如果手上有伤口的话，他们就该离开这个世界了。”

我不禁打了个冷战，想到什么，急忙问：“那些被抓的箭毒蛙还能回来吗？”

蓝色箭毒蛙脸上流露出悲伤的神色：“他们会被放到

火上烤，慢慢烤出毒液……”

我一时语塞，想象那个同类被火烤的画面，感觉很悲伤，却又无能为力。显然，我们没有能力去救他们，想起曾经读过的人类的一本书——《战争与和平》，难言的酸楚涌上心头。

科研初体验

在青藏高原，我遇到了高山倭蛙。那时候我正趴在路边喘不上气，高原的低氧环境，让我感觉很不适应。旁边路过的一队蛙却看起来很轻松，他们还关心地问我：“你没事吧？休息一会儿就好啦。”

“这里紫外线好强啊，我都睁不开眼睛，晚上冷得发抖，白天热得难受，氧气还这么少，你们能在这里生活，可真厉害。”我由衷地夸赞道。

领头的那只蛙淡然一笑：“我们已经在这里住了好些年了，这里空气挺好的，不像你们城里，又拥挤又有污染。”

我无言以对，赧然一笑。

他接着说：“我们是高山倭蛙，适应了高原的环境。说到环境，我觉得我们这儿挺好的，我们在人类的实验室里遇到了老大哥非洲爪蟾，他在地球上生活了好多年了，我觉得他生活的环境可远比不上我们的呢。”

他说的人类研究蛙类，我在书上看到过，这是第一次听当事人提起，感觉很新鲜。我们蛙类是比人类还古老得多的生物，很多年前，我们从水里过渡到陆地生活，是两栖类的代表。如今，人类研究我们的基因，想看看能带来怎样的启发，我相信，他们一定不会失望的。

结束了旅程，我回到了故乡，发现许多小伙伴都不见了，这让我很伤感。现在农药用量很大，青蛙消失了许多，那些喜欢野味的人，也老盯着我们不放，恨不得把我们都弄上餐桌。我想跟他们说，不要吃我们，我们其实应该成为友邻。你们能从我们的基因中得到启发，我们还能帮你们除掉田间害虫，互助互惠不是很好吗？

癌症这个冷面
杀手，为什么
对大象手下留情？

有不会得癌症的吗？
有，比如大象。
XXX
因肺癌去世

在某个星球上有着一群可爱的小伙伴，他们一起出生，从小一起长大，相敬相爱，其乐融融。但随着成长，原本禀性相似的一群人开始产生了分裂，出现了一些不太和谐的状况。比如，原本爱岗敬业的小伙子竟动起了歪心思，不再本本分分履行自己的职责。不仅如此，有时还教唆他人，甚至出门闹事，各种状况层出不穷，场面渐渐失去控制。

负责巡逻的官兵留意到这种情况，便开始抓捕这些家伙，大多数时候，这些捣乱者都会被抓获。可遇到那种很擅长隐蔽的，或者实力太强大的，官兵也束手无策，长此以往，星球的秩序就会遭到破坏，甚至有被毁灭的可能。

注意，这不是演习，如果把我们的身体比作一个星球，这样的故事每天都在我们的体内上演着。细胞中的 DNA 会由于内力和外力的影响出现损伤，如果放任不管的话，功能失常的细胞很快会发生更多突变，陷入恶性循环，最终开始失控复制，变成癌细胞。癌细胞喜欢在身体里流窜，不断复制自己，变成耗尽能量、拖垮我们身体的组织，免疫系统会主动搜寻并围剿癌细胞，但百密一疏，总有漏网之鱼。癌症发展到最后，会让人失去生命。

身形大就意味着组成身体的细胞数量更多，寿命长则意味着细胞更新换代的次数更多。细胞数量多，分裂次数多，就会导致出错的可能性变大。

所以，按照这个推理，我们可能会得出一个结论：身形大且寿命长的动物会有更高的患癌概率。

然而大象却几乎不患癌。

抗癌金钟罩?

按理说，大象体形大，细胞多，发生突变的可能性比人类的大，应该会有更大概率患上癌症，但事实却并非如此。

大象体内有一个监工——*TP53* 基因，一旦发现基因突变导致的 DNA 损伤，*TP53* 就会要求细胞进行自我修复。而如果发现细胞实在修复不了，就会发布死亡通知书，让细

胞自杀。

可还有一个问题，*TP53* 自己也是个基因，也有可能发生变异，如果它发生了变异，那就乱套了，变异细胞会越来越多，癌症形成速度也会加快。

那为什么大象不得癌症呢？因为人只有 1 个 *TP53* 基因，而大象有 20 个 *TP53* 这样的基因，一个倒下去，其他的马上站起来补上，不让这个清除癌细胞的系统出差错。而且，它清除癌细胞的系统效率也比人的高，难怪大象患癌症的比例低。

借个基因来防癌？

既然大象有如此绝技，我们是否能学呢？科学家们倒是在尝试学习大象的这一技能，比如多给自己增加一些*TP53*基因。有的科学家研究发现，这么做确实有用，但要让整个人体细胞全都增加*TP53*基因，还有一条很长的路要走。

因为除了与基因有关，癌症的形成还与环境、心情、饮食等生活方式等多种因素有关，需要综合考虑。

大象不是地球上唯一能抗癌的动物，科学家们通过测序发现，弓头鲸、小须鲸等生物也有预防癌症的独门基因。

这些物种都比人的体形大得多，这也说明，癌症与物种体形的相关度并不高。

虽然我们暂时不能拥有如这些动物一般强大的基因，但有一些是我们可以向这些动物学习的，比如，养成良好的生活习惯。紫外线暴晒、吸烟、酗酒、甲醛、烧烤、黄曲霉素、熬夜、肥胖等都会提高患癌概率，调整生活方式，减少致癌物的接触和致癌行为，是避免罹患癌症的上佳方式。

这不是一“只”蚂蚁

它的力气怎么这么大?
可能吃了大力水手的菠菜吧。

蚂蚁的力气有多大？大到你惊讶。有研究表明，蚂蚁能够举起超过自身体重 400 倍或拖动超过自身体重 1700 倍的东西！

蚂蚁不但力气大，还有着传奇般的悠久历史。体形迷你，却能在灭绝恐龙的大灾难中生存下来，在自然界中留下不容忽视的位置，依靠的便是独特的生存法则。

每个生物都有自己的生存策略，有的靠体形碾压，有的靠锋利的牙齿，有的靠闪电般的速度，有的靠头脑……相对其他生物而言，体形迷你，也没有速度优势的蚂蚁，就是靠智慧在地球上生存了一亿多年。

别误会，这里说的“智慧”并不是指单个蚂蚁很聪明，而是蚂蚁群体的生存策略很完美，充满了智慧，不亚于人类的。

印刻在基因里的使命

蚂蚁的职业规划，在出生时就已经定好了。它天生就知道自己该做什么。雄蚁和可育雌蚁负责生孩子，完成使命后，雄蚁身亡；工蚁身兼建筑师、厨师、保姆等工作；兵蚁是蚁群的护卫，保护巢穴的安全，工蚁和兵蚁一生都不会有自己的孩子。

虽然基因相同，但由于食物、环境等因素的不同，蚂蚁们甘愿接受不同的分工。这样演化了亿万年，蚂蚁社会分工的精细程度越来越高。

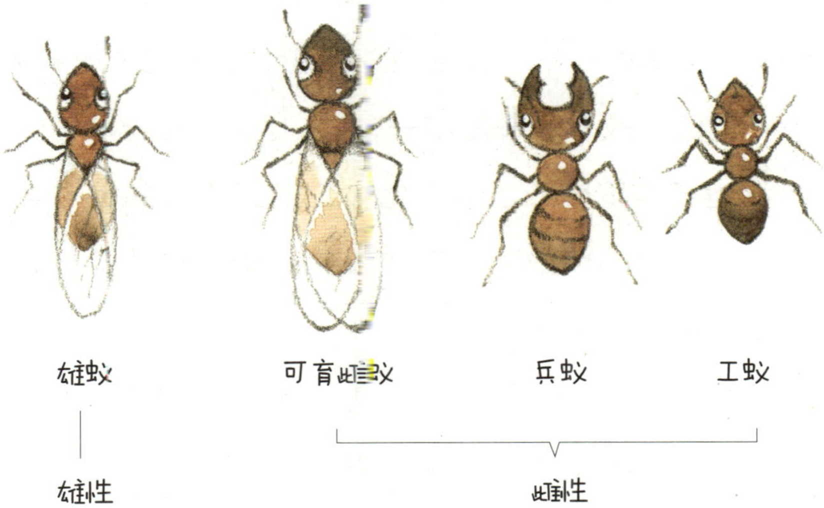

蚂蚁卵

牺牲和奉献是蚂蚁群体的写照，但它也不是毫无脾气的，比如西班牙细胸蚁中的工蚁，如果对独断专行的蚁后不满意，会集体行动将蚁后拉下王座，扶持另一个蚁后。

不同的蚂蚁寿命长短不一，它一旦感觉自己时日无多，就会承担更多冒险的工作，比如到离家更远的地方寻找食物，一些患病的蚂蚁为了不将疾病传染给其他蚂蚁，还会主动离开家，孤独地死去。

蚂蚁的这些个性，也是一代一代演化的基因赋予的。不仅如此，在这漫长的演化过程中，蚂蚁还学会了许多新的生存技能，比如种植。

蚂蚁的农业社会

蚂蚁的种类有9500多种，这样大的群体中，什么样的“能人”都有，比如开辟种植业的新领域。

蚂蚁社会处于和人类社会相近的采集时代，工蚁搜集植物，喂养整个蚁群。但有那么一批特别的蚂蚁，凭着傲人的技能，提前迈入了农业社会。它是怎么做到的呢？

我们来看看具有养殖技能的蚂蚁。甜甜的味道大多数生物都喜欢，蚂蚁也不例外。可有甜味的东西不容易得到，怎么办呢？得想个办法。

蚜虫很有意思，吃进去的是植物的枝叶，但因为没有办法消化其中的糖分，所以排出来的是带有甜味的液体，打破了我们对一般排泄物的认识。

蚂蚁发现蚜虫能排出甜甜的液体，于是开始精心伺候它。蚂蚁会保护蚜虫安全，会为蚜虫寻找更鲜嫩的植物，还会时不时用触角碰一下蚜虫，像是在催它“麻利点”。

除了养殖，在种植上，蚂蚁也是一把好手。南美的切叶蚁就在长期的演化中，学会了通过种植蘑菇，补充身体缺少的营养。至于为什么不采集而要费力种植，当然是因为自己种的更能保证产量了。

为了吃到更多更美味的蘑菇，切叶蚁里的“农学家”，认真研究出了高产的品种。数千年里，蚂蚁就和“豢养”的植物一起生活，填饱了肚子，蘑菇们也顺利地演化至今。

自然界中还有一些类似的物种，也靠群体智慧生存，比如蜜蜂，这些依靠“群体智慧”生存的生物，如今仍存在于世界上大多数的地方。

哎哟，要死了。
别矫情，快吃点蘑菇。
它们缺乏的是精氨酸，蘑菇里有。
丝状真菌

人何尝不是这样，个体脆弱，但群体组成的社会组织却能很好地适应社会，这也显示出集体智慧所蕴含的强大力量。

在妈妈肚子里
待三年半？
原来你是这样的鱼

80年
70年
10年
3年
21天
60天
39周
2年
老鼠
猫/狗
人类
大象
寿命
孕期

作为人类的宝宝，我们可是要在妈妈肚子里待上约10个月才出生的。这段时间里，妈妈的身体为我们提供营养。当我们准备好之后，就会来到这个世界上和爸爸妈妈见面了。

自然界中的所有生物都需要繁衍下一代，可需要的孕育时间并不一样。这在很大程度上与寿命相关：一般来说，寿命越长，孕期越长；寿命越短，孕期越短。这也容易理解，为了尽可能多地产生后代，太长的孕期对寿命短暂的生物来说可不划算。

作为人类宝宝，和其他刚出生动物的行动能力相比，我们就像个“早产儿”。马的寿命有 25～30 年，马宝宝在妈妈肚子里待上 11 个月，刚一落地便能站能跑，灵巧得很。可同样在妈妈肚子里待了 10 个月的我们，生下来很长一段时间里，都得待在妈妈的怀抱中。

那么，为什么人类宝宝会“早产”呢？其实，这是自然演化的结果。与其他动物相比，人类大脑更为发达，为了容纳如此发达的大脑，颅骨也演化得更大。如果胎儿真在子宫中待到发育完善才出来，很容易因为头部发育过大而在生产时被卡在产道里，最终难产窒息。为了顺利分娩，人类便演化出了这种“早产”的怀孕方式，让胎儿头骨还没愈合便离开母体。即便如此，人类分娩也比绝大多数哺乳动物困难得多。

当然，大千世界，无奇不有，袋鼠便突破了年龄与孕育时间的相关性限制，它们怀孕 40 天就能生宝宝了，不过同样早产的袋鼠宝宝只有一颗花生大小，需要在袋鼠妈妈肚子前方的育儿袋里待上许久，才能独立生活。

生命多神奇啊，有在妈妈肚子里待一会儿就要出来的急性子宝宝，也有在妈妈肚子里悠闲度日的慢性子宝宝。比如大象的宝宝，就要在妈妈肚子里待上2年，才呱呱坠地。不过大象妈妈能活80岁，还有足够的时间陪伴教导小象，也就不那么着急让小象赶紧出来啦。

两年孕期其实也并不算长的 皱鳃鲨才是孕期最长的一种生物。作为最古老的的鲨鱼品种，它看起来样子凶恶，仿佛史前怪兽。明明只能活 25 岁，它的母亲却大无畏地将 3 年半的时间，拿来孕育一胎宝宝。

要论责任心，所有的鱼妈妈都比不上皱鳃鲨妈妈。它可不只是把卵产在水中，而是要把宝宝在肚子里孕育成型，直接生出鲨鱼宝宝，才放心。

后记

埋下种子，静待花开

说孩子听得懂的生命科学

奇思妙想 vs 踏实求知

我的童年时代是泡在书海中以及奔跑在田野里度过的。我的父母酷爱读书，印象中家里的藏书不下一万本。父亲在我年幼的时候就常给我讲《山海经》《西游记》，母亲则会挂着相机带我去拍花草，做标本。在能自主阅读后，我自然对《昆虫记》《本草纲目》等书兴趣盎然。不只乐于阅读，我还勤于实践。我着迷于生物的多样，鱼、乌龟、豚鼠、兔子、猫、刺猬……都是我家里的常客，养宠物的

过程中，我也收获了颇多乐趣。

回溯孩提时代，似乎我的人生选择，在那时候就打好了底色。

高中临近毕业时，我获得了多所大学的保送机会。我选择大连理工大学的原因，是它列了64个专业供我挑选，其中就有生物工程。

如果说童年对生物的兴趣与光怪陆离的想象有关，那么成年后走上生命科学的研究道路则源自踏实求知。

在华大基因工作期间，我读了博士，主持了不少科研项目，发表了40多篇论文。担任CEO职务后，我发起了不少公益计划，也开展了一些科普项目，为对生物科技感兴趣的朋友讲述科学故事。读者朋友中有不少小朋友，每次看到家长发来的肯定，我都欣慰不已。我和团队小伙伴们还常在中小学乃至幼儿园开办科普讲堂，孩子们的求知热情让我振奋，他们的知识面也让我惊讶不已，越发觉得科普是一件有意义的事。

在我小的时候，科普书的种类并不多，印象中只有《十万个为什么》《百科全书》是给孩子看的。到了我的

孩子这一代，我发现好的科普书多了许多，每每在亲子阅读时，那些优秀的科普书连我都看得很入迷，仿若童年重新来了一遍。但这些经典科普书大都引进自国外，不少科普大V推荐的少儿科普，绝大多数也来自国外。这也是我决定推出这套少儿科普的原因，我要让中国的孩子能看到本土原创的科普书。

在个人的成长过程中，我感受到，孩子的兴趣是能影响他的人生选择的。兴趣是最好的老师，如果说21世纪是生命科学的世纪，这100年里，中国的生命科学发展，有赖于几代孩子自发投身其中，希望有正在看这本书的孩子的身影。

静待花开 vs 拔苗助长

当孩子问你“我是怎么来的”时，你是怎么回答的？当孩子问你“为什么我们和蚂蚁不一样”时，你又会如何解释？与得到回答相比，学会提问

是孩子更大的进步。在孩子问出有价值问题的时候给出同样有价值的回答，则是对父母更高的要求。

焦虑是现代父母的普遍心理。现代社会的精英教育模式与孩子出生便面临的竞争，不仅给孩子压力，父母也不轻松，恨不得让孩子样样精通，拥有十八般武艺。

事实上，生有涯，知无涯。孩子面对的是复杂而未知的世界，教会他如何与世界和自然平和相处，让他在俗世中感受幸福，是父母应该做的事。幸福感如何获得？比如求知探索，建立自信，找到兴趣所在，持之以恒地探索。

已知圈越大，未知圈也越大，求知不是单纯地学习知识，更多的是一种思维方式的锻炼，教会孩子从万变中找出不变，将未知变成已知，且不惧未知。

组成我们每个人基因的基石都是一样的，都是 A、T、C、G 四种碱基。你和万物相联结，和路边的野草是远亲，和鱼有 63% 的基因相似，和黑猩猩基因相似程度达 96%，和路人有 99.5% 相似的基因，遑论你的孩子，他们和你有

着最深的羁绊，最亲密的缘分。孩子的基因全从父母处来，但他们的人生却不受父母的限制。他们是自由的，是创造了奇迹的生命。

不要试图逼迫孩子对什么东西感兴趣。如果你想引发孩子对生命科学的兴趣，不妨自己先读这本书，然后化身尹哥，和孩子交流。相信孩子的问题会让你惊喜，你们之间的交流会让你惊讶。那是生命的神奇——一个弱小的、曾被全天候照顾的宝宝，脑袋里却藏着整个宇宙的奥秘。你会为此感到幸福。

沉浸式阅读

既然我立志要“说你听得懂的生命科学”，这个“你”，自然也包含孩子。在《生命密码》的知识点基础上，少儿版既做了难度上的简化，也用漫画的形式丰富了内容，以引发孩子们的兴趣，便于孩子们理解。

我们努力将每一个故事的发生场景化，让孩子们进入角色，沉浸其中，在体验中学习。

我们尝试为知识点配上漫画，通过视觉化效果既浅显又生动地传递信息。

相较于知识填鸭，我更倾向于互相提问和启发式地学习。我们把自己的思维放在和孩子的思维同一高度，平等地进行朋友式的沟通，激发孩子的内啡肽驱动性，让他由兴趣开始，去自发地学习。毕竟，科学也并非永远正确，但科学的价值就是让人类的认知在不断被推翻中前进。

故事里的小华、小宁，可以是我们身边每一个脑袋里装着十万个为什么的孩子。借他们之口，我们在问答中沟通，体会生命科学的趣味。如果你也有自己关心却没从书中得到解答的问题，欢迎在“尹哥聊基因”公众号留言告诉我们。

在我的想象中，会有那么一个早晨，当我老去的时候，有人敲开我的门，告诉我有多少孩子，是在童年的时候得到正确的引导，产生了对生命科学的兴趣，推动了生命科学的发展。这是世界的幸运，也是我的幸福。

谢谢你选择这套书，我们离“让生命科学流行起来”的目标又近了一步。少年强则中国强，当孩子对生命科学感兴趣，我仿佛已经看到了中国生命科学持续引领世界的未来。

/你一定想不到/

趣解生命密码系列

原来基因不完美

尹 烨 著 杨子艺 绘

中信出版集团 | 北京

图书在版编目（CIP）数据

原来基因不完美 / 尹烨著；杨子艺绘. -- 北京：中信出版社,2020.10（2024.6重印）
（你一定想不到. 趣解生命密码系列）
ISBN 978-7-5217-2079-2

Ⅰ. ①原… Ⅱ. ①尹… ②杨… Ⅲ. ①基因－少儿读物 Ⅳ. ①Q343.1-49

中国版本图书馆CIP数据核字(2020)第136782号

原来基因不完美
（你一定想不到·趣解生命密码系列）

著　　者：尹烨
绘　　者：杨子艺
出版发行：中信出版集团股份有限公司
（北京市朝阳区东三环北路 27 号嘉铭中心　邮编　100020）
承 印 者：北京利丰雅高长城印刷有限公司

开　　本：787mm × 1092mm　1/16　　印　　张：33.75　　字　　数：540千字
版　　次：2020年10月第1版　　印　　次：2024年6月第6次印刷
书　　号：ISBN 978-7-5217-2079-2
定　　价：192.00元（全四册）

服务热线：400-600-8099
投稿邮箱：author@citicpub.com

如果说生命是一套复杂的代码，那么我相信人类的代码中有爱。

愿每一个孩子在生命科学的世界里，发现新的乐趣和方向。

——尹烨

序言一

解读生命密码，发现更美好的未来！

尹传红

中国科普作家协会副秘书长
《科普时报》原总编辑

科幻小说中描绘的未来，正在以各种方式和惊人的速度，“浸入”到我们的现实生活里。而日新月异、时刻迭代的生命基因科学技术作为一支不容忽视的强大力量，已然开拓出种种新的可能，极大地扩充了我们对世界的认知，也必将对人类社会的未来产生深远的影响。

比如，成功的基因疗法让那些长期困扰人类的健康问题，从“根”上就能得到解决！我们已经获取了许多有关健

康问题的基因规律。相应地，就可以有针对性地制造新药或进行治疗。这一切，都是拜生命基因科学技术发展之所赐。

然而，对于被称为“生命的密码”的生命基因科学，我们又了解多少呢；你是否知道，为什么有的男孩子喜欢打篮球却不喜欢吹笛子；国宝大熊猫为什么喜欢吃竹子；憨憨的大象为什么几乎不患癌症；威猛的恐龙和猛犸象到底能不能复活……

翻开这套书吧，你定能惊喜地找到答案，并且延伸更多的思考。

在这套图文并茂、饶有趣味的书里，尹烨博士还从多个角度立体地阐释了生命基因科学的一系列基础问题：我们为什么不一样？地球上什么时候出现了生命？生命如何步步演化以适应严酷的生存环境？智慧是怎样诞生的？书中还以十分通俗的语言，揭示了地球上万千物种里的基因奥秘，描述了基因中的缺陷导致的疾病，并探讨了未来对这些疾病的治疗，展望了生命基因科学技术在治疗疾病、改善人类生活质量等方面的应用。

全套书在内容的选取上，也非常贴近日常生活。餐桌网红小龙虾、奇异的传粉昆虫、长寿的银杏、会摆头的向

日葵、争奇斗艳的花儿，还有让一些人着迷的灵芝……几乎每个部分都由一个鲜活、常见的生活话题，引出要探讨的有意思的生命科学话题。

为了让孩子们阅读时能更加投入，全书精心打造了故事人物形象。我们的作者化身博学多才、幽默风趣的“尹哥”，在书中耐心地为孩子们答疑解惑、指点迷津，将生命科学知识点故事化、场景化，让大家进入角色，沉浸其中，在体验中学习，在探索中思考。全套书中还配有将近500幅“自带生命”的手绘图片，它们生动、形象、谐趣，为每个知识点铺垫添彩，尽展科学魅力。

尹烨博士的这一新作堪称一部精彩的“生命之书”。相信孩子们读过后，对生命、生灵、自然、万物以及人与自然的关系等，会有一番新的认识和省思。

我为孩子们能读到这套书而高兴，也非常乐于向大家推荐这套优秀的生命基因科学探秘书。真诚希望这套书伴随着你们的阅读和思考，能够带给你们心智的启迪和精神的享受，并且增益你们的智慧，助力你们的进步，见证你们的成长！

解读生命密码，发现更美好的未来！

祝大家阅读快乐！

序言二

基因密码，打开绚丽多彩的世界

邢立达

古生物学者、知名科普作家

中国地质大学（北京）副教授

基因作为生命的密码，它所包含的指令与我们的生活息息相关。放眼望去，我们身边无论猫狗鱼虫，还是花草树木，这些动植物身上都携带着基因，各式各样，纷繁复杂。想不到吧，尽管表面看起来差异巨大，它们竟有不少与我们人类有着同样的基因！当然，基因的奇妙之处远不止于此。所以从这个角度来说，给小朋友普及一些与日常生活息息相关的基因知识，是启迪心智、开拓视野，带他们进一步认识这个绚丽多彩的世界的良方。

我所熟知的尹烨博士写的这套“你一定想不到：趣解生命密码系列”，就是专门为小朋友讲解生命基因科学知识的书。

在这套生命基因科普书中，尹烨博士化身为青年科学家“尹哥”一角，和两个儿童角色小华、小宁，以及智能机器人小D，一起代入故事之中，由科学家与孩子们的互动问答，串联起生动有趣的科普知识。书中从多角度立体揭示了基因的奥秘，不仅特别讲到了长时间困扰大家的热点话题，如地球何时出现的生命、生命是如何步步演化的、为何会有疾病、生命将走向何方等，也穿插了诸多个人见解和反思，是一套专门写给孩子的生命科学启蒙书。

完全可以这么说，尹烨博士用有料、有趣、有用的内容，科学严谨的态度，以及孩子看得懂的语言，轻松解答那些古怪又让人忧心的问题。他不仅对复活猛犸象等问题进

行了讲解和答疑，还用浅显的笔触，贴近日常生活的文字，诠释了生命之谜、之趣，毫无疑问，这是适合全家人一起阅读的生命科普佳作。

科普图书千千万，这套书可谓别开生面。它从基因着眼，从小朋友身边常见的鸟、兽、虫、鱼、花、草、树、木入手，更能让孩子近距离感受到基因的神奇之处。它通过讲述我们身边的生命科学知识，将喜闻乐见的话题融进生动活泼的故事，再辅以简洁易懂的文字和精美有趣的插图，如春雨般润物细无声，悄然呈现了遗传学、分子生物

学、基因组学、合成生物学等多个生命科学领域的知识，展现了生命之美。

想必这就是这套图书创作的初衷。

愿小朋友们多多学习生命科学知识，更好地了解我们人类自身，以及这个绚丽多彩的世界。

自序

写给小朋友的一封信

尹 烨

亲爱的小朋友们：

你们好！

我是尹哥，一名科技工作者，也是一名科普传播者。我特别喜欢生命科学，脑袋里有一堆和生物有关的故事，如果有小朋友问起，我的话匣子就关不上了，自己还常乐在其中。这不，我准备了一套书给你，里面是我给两个小朋友讲过的故事，还要向你们介绍一下我的小助手——智能机器人小 D，它也不时出镜，带给我们惊喜呢。

当你翻开这套书时，请想象自己的身体无限缩小，但

记得把自己的思维无限展开，因为我们就要开始一段奇妙的旅行，前面等着我们的，是一次次时空变幻，一个个奇妙物种，一片片新的领域，你会看到一些你原本熟悉却并不了解的事。

也许你会不理解，有什么事情是你熟悉却不了解的呢？举个例子吧，你肯定知道青蛙，也知道它对人类有益，但你知道青蛙为什么曾被人强制洗牛奶浴吗？你常看见蚂蚁，也知道蚂蚁是大力士，可你知道蚂蚁当农夫的历史比人类还要久远吗？你知道每个人都是独特的，也知道每个人都面临生老病死，可你知道为什么有的人生下来就有缺陷，而有的人老了会忘记一切吗？还有还有，你知道科技为我们的生活带来了便利，知道现代医学能拯救许多生命，可你知道如何能让瘫痪的人站起来吗？如何才能使已经在地球上消失的动物复活？

我们生活的世界实在是太神奇了，人只是世间万物中的一员，而且在地球历史上出现的时间并不算长。假如地球只有一岁，人在最后一天的午夜才站上食物链顶端。我们真的没有那么厉害，

自然界中许多动植物、微生物都有自己的过人之处，相对而言，在演化的长河中，人才是生存能力最弱的生物，而且，我们亏欠自然的也很多。要想继续待在食物链顶端，我们需要好好地向自然学习，与自然和谐相处。

我告诉你个小秘密，尹哥很可能是你的远远远房亲戚。别看我现在的个头比你们的大很多，但是，我们基因的相似度却很高。这就提示我们大概在几万年前，我们有着共同的祖先。还有啊，你也许没有想过，你和身边的万物都有联系。基因是我们的遗传物质，

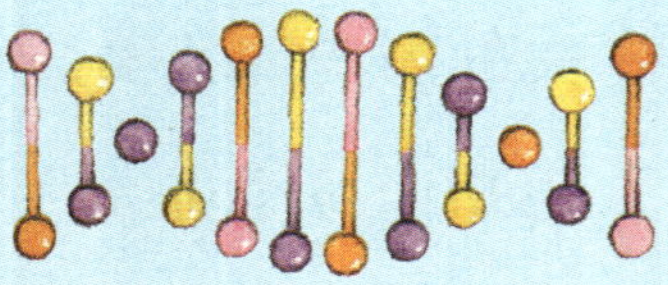

正是因为有了父母提供的基因，世界上才有了你。当你外出踏青的时候，你脚下的小草其实是你的远亲；当你在动物园里看动物的时候，笼子里看着你的猴子、猩猩、狮子、大象……都与你拥有着共同的生命基础——细胞和基因；当你吃下每一口食物的时候，你肠道里的微生物同样因为获得食物而活跃不已，从年龄来算，它们都算是你的先祖，如今寄居在你的身体里，帮助你消化食物，也控制着你的情绪和行为。

生命实在是太奇妙了，我已经迫不及待地要和你分享

你和它们的故事。世界实在是太广阔了，远到 40 亿年前，近到一秒钟之前，每一个时间刻度上都有说不完的故事，每一个地方都有神奇的事情发生。

你准备好了吗？这就和尹哥、小华、小宁、小 D 一起出发，开始这段有趣的旅程吧！

人物介绍

尹哥

作者尹烨的科普形象，睿智幽默的青年生命科学科普达人。

小宁

爱好生物的女生，细心认真，爱追根问底，有时候会有些害羞。

小华

对一切新事物好奇的男生，勇敢好学，爱动手帮忙，有时候会有些粗心。

小D

生命科学智能机器人，能瞬间读懂每个生物基因组成，存储了现有生命的全部科学知识，有构建虚拟场景的超能力。

序曲

我们为什么不一样？

我们生而不同，无论是外貌、性格，还是习惯、喜好都不一样。正如“世界上没有两片相同的叶子”，世界上也没有绝对相同的两个人，即使是双胞胎也并非完全一样。

为什么我们会如此不同？答案便在基因里，甚至可以说，是它塑造了一切细胞生物，塑造了我们。每一个生命都对应着一本神奇的书，与生、老、病、死有关的所有信息，都被记录在内，我们不妨称它为生命之书。这本生命之书可不是用中文写的，它的语言体系叫碱基，碱基有 A（腺嘌呤）、T（胸腺嘧啶）、C（胞嘧啶）、G（鸟嘌呤）、U（尿嘧啶）五种，其中，A、T、C、G 组成 DNA（脱氧核糖核酸），A、C、G、U 组成 RNA（核糖核酸）。

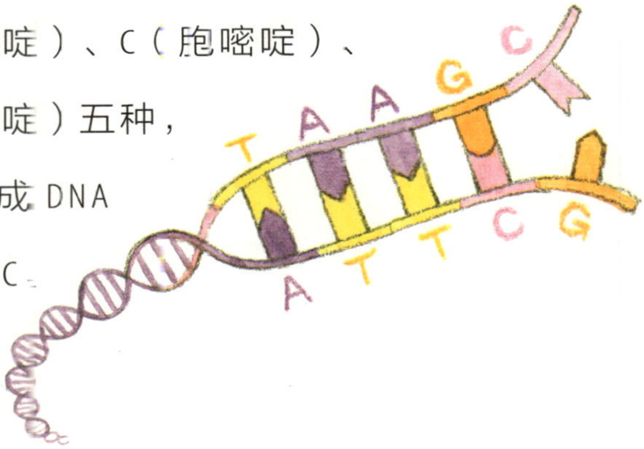

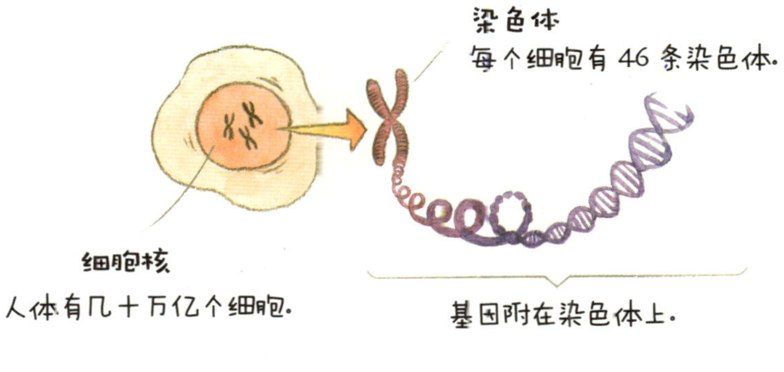

如果把生命比喻成乐曲，那么A、T、C、G就是乐谱，细胞则是演奏不同声部的乐手，生命体就是乐团。每时每刻，地球上都有新的生命乐曲奏响，也有乐团谢幕。

每支乐曲的风格不尽相同，比如苹果的听起来像摇滚风，香蕉的或许像古典乐，拟南芥和线虫的类似于童谣，而代表我们人类的，则是交响乐。

A、C、G、U这四种碱基，可以构成64个遗传密码子，共合成20种氨基酸。这20种氨基酸帮助人类合成所需的蛋白质，维持生命的正常运转。

C
G
A
C
A
T
T
C
A
G
A
T
C
G

差点忘了介绍，我们人类的近亲有黑猩猩，远亲那可就多了：公园里的某棵树，树下晒太阳打盹的猫咪，树干上一步一步努力往上爬的蜗牛……如果我们能穿越到远古，甚至穿越到地球生命诞生之初，就会发现，孕育了世界多样性的，是在酸性海洋里悄然生长的有机物，它们正努力适应环境，孕育生命。

漫长的数十亿年过去，
在这颗蓝色星球上，生命来来往往。

有时上一刻还繁盛着，下一刻便离开了，
再也没有回来。

或许，
在不远的未来，它们有可能回来。

复活申请处

目录

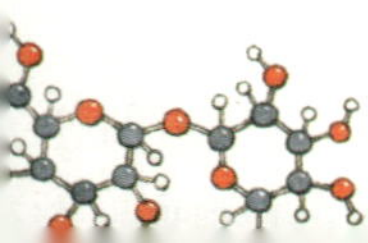

腺鼠疫病毒

“唐宝宝”的故事

为什么大家都说班里的东东是糖宝宝？他闻起来不甜呀。
是唐宝宝，不是糖宝宝。

“为什么大家都说班里的东东是糖宝宝？他闻起来不甜呀。”小宁纳闷地问道。

小D不耐烦地按动自己的屏幕按钮，给小宁讲解：“是唐宝宝，不是糖宝宝。”

“大家所说的唐宝宝，是一个特殊的群体。”尹哥回答。

当你环顾四周，从外貌上看，你会发现，我们彼此并不一样，那是由基因决定的。基因的差异塑造了不同的我们，这些不同，不只体现在外貌上，还体现在健康上。

一些异乎寻常的基因，不仅会让人形成眼距宽、鼻根低平、眼裂小的样貌，还会带来智力障碍、发育迟缓、身材矮小以及其他先天性疾病等问题，这些都是唐氏综合征的表现。

为什么会患这种疾病，这些孩子的基因到底出现什么问题了呢？原来，正常的染色体是有固定数目的，通常成对出现，比如人有 23 对染色体，也就是 46 条。基因突变会导致染色体数目发生变化，如果第 21 对染色体多出来一条，就会罹患唐氏综合征。因此，唐氏综合征也被称为 21–三体综合征。

唐宝宝就是患有唐氏综合征的孩子，人们口中的“蜜

糖宝宝”，指的也是唐氏综合征患者。每个孩子都是爸爸妈妈爱的结晶，他们视若蜜糖的宝宝，却有着令人遗憾的健康风险——寿命较短，患病风险高。随着医疗水平的提高，唐宝宝的寿命已经得到很大延长，但还是低于健康人的平均寿命。

20世纪，科学家们发现了导致唐氏综合征的原因，如今也找到了更安全、更便捷的无创检测法，检测胎儿是否患有唐氏综合征。

孕妈妈的血液里含有胎宝宝的游离DNA，研究者们通

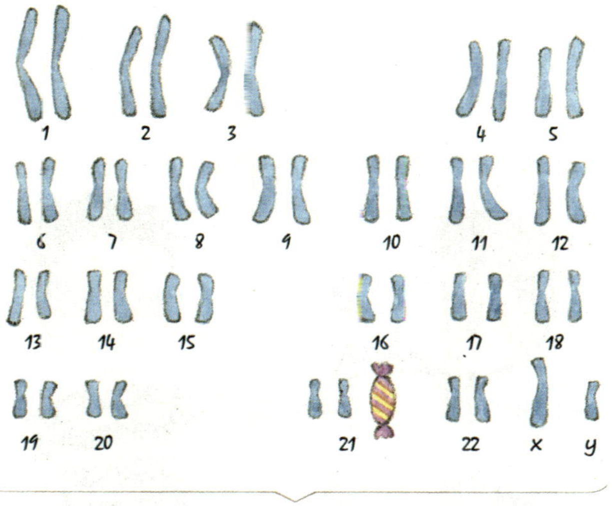

男性21-三体综合征患者的染色体示意图
（糖果代表21号染色体多出来的那条染色体）

过检测孕妈妈血液里的这些 DNA 片段，就可以判断胎宝宝的第 21 对染色体是否正常。

尹哥说："基因技术，就是发现我们健康问题的名侦探柯南！"

当然，除了第 21 对染色体，其他染色体的问题也能够检测出来。科学家们正在努力提高检测技术的准确率，扩大能检测出来的疾病范围。

年龄越大的孕妈妈，越有可能生育唐宝宝。每 700 个新出生的宝宝里，大约就有 1 个患有唐氏综合征。每 20 分钟，就有 1 个唐宝宝出生。他们就在我们身边，是我们的邻居、

同学、朋友……而我们很幸运，理应珍惜。

“尹哥，我们应该和东东一起玩吗？”

“当然，和其他同学一样，彼此尊重和支持。”

现在，在大家的关爱和社会的支持下，唐宝宝的生活已经有了很大的改善。有的唐宝宝结婚了，有的进入公司里工作，有的成为乐团指挥，有的成为模特……虽然基因不完美，但并不影响他们的人生绽放光彩。

爱，能遮盖生命的不完美。

没有完美的人，
也没有完美的基因

月亮的孩子

瓷娃娃

“月亮的孩子”“瓷娃娃”“美人鱼”“拇指姑娘”……这些美丽的名字，却代表着一个个令人遗憾的故事。

“月亮的孩子”皮肤和眼睛缺乏黑色素，所以他们皮肤白皙，眼睛怕光。炎热又阳光炽烈的夏日，他们避之唯恐不及。

“瓷娃娃”骨质脆弱，即使是并不剧烈的运动，也可能会让他们受伤，发生骨折。

听起来像童话一样的现实版“美人鱼”，却有着语言障碍、走路不方便的麻烦。

一岁多还不到6斤重的“拇指姑娘”发育迟缓，已经因病离开了人世……

美人鱼

拇指姑娘

他们分别是白化病、成骨不全症、雷特综合征、面皮肤骨骼综合征（Costello 综合征）患者。

世界很大，有近 80 亿人。我们身边的大多数人，看起来和我们一样。然而，在我们看不见的地方，有许多人正遭受着病痛的折磨，这些病症并不一样，却有着同一个名字——罕见病。

虽然名为罕见病，且患病率低于几万到几十万分之一，但实际上，患者总人数并不少。据不完全统计，我们国家已经有过千万罕见病患者，比很多欧洲国家的总人口还要多。

为什么会有罕见病呢?

我们的身体宛如一台精密的仪器，在基因的控制下，各个组织配合默契，支持着我们的各种行为。但这些发挥着关键作用的基因，难免有百密一疏的时候。当基因发生突变，可能会带来疾病。那些生来就有的疾病，通常来自遗传。也就是说，爸爸妈妈的基因在融合时，便很大程度上决定了孩子的健康情况。

其实，我们每个人的基因都不完美，都有缺陷，正是这些缺陷导致了罕见病的发生。

那么，为什么这些有害的基因，能一代一代地遗传下来呢？有的科学家说，事情都是有两面性的，那些会导致疾病的基因，也可能会为我们的身体带来好处。

比如，有一种基因会降低红细胞运输氧气的能力，使人患上地中海贫血，但也正是因为运输氧气能力的下降抑制了体内疟原虫的生长，才帮助人体抵抗了疟疾。因此，科学家们假设，或许是为了抵抗更致命的疾病，那些罕见病才能够一代一代地遗传下来。

罕见病能治疗吗?

科学家们已经发现有近8000种罕见病，可只有约5000种能够找到致病基因。

很遗憾，罕见病基本很难治愈。但有些疾病可以预防，比如蚕豆病，不吃蚕豆，不接触樟脑丸，在生活方式上多加注意便可得到有效的控制。还有些疾病能服药控制，比如法布雷病，这是一种十分罕见的 X 染色体连锁遗传的鞘糖脂类代谢疾病，会造成四肢非常剧烈的疼痛，并严重损害肾、心脏、脑、神经等器官，病情呈进行性加重发展态势，如得不到有效治疗将危及生命。医学界已经研发出了对症的药物，但因为价格昂贵，许多患者无力承担。

治疗罕见病是一个与时间赛跑的过程，因为病情恶化，不少患者还没等到科学家研究出治疗方案，就已经离开了人世。

即使困难重重，科学家们也从未放弃寻找治疗方案。

有的科学家想，既然是基因出了错，把它换掉不就好了吗？

于是，针对罕见病，科学家们开始研究基因技术。这项前沿技术目前进展很快，虽然大部分仍处于研发阶段，但一些特定型别的罕见病，比如先天性黑蒙症（一种可引起失明的先天性视网膜病），治疗手段已经获批进入临床应用。相信越来越多的罕见病能够在不远的将来得以治愈。

值得欣喜的是，如今在罕见病治疗的第一步——诊断和预防上，我们已经做得很好了。基因技术基本上能检测出绝大部分罕见病，方便病人对症治疗。即使是携带这些致病基因的人，也能通过检测，了解如何避免后代患上罕见病。

以鱼鳞病为例，这种有很强遗传性的皮肤疾病，会让皮肤无比干燥，让人痛苦万分。如今，科学家们已经能诊断出所有类型的鱼鳞病，也因为对这种病的了解更加深入，有了一些治疗的办法。

相信在基因技术的帮助下，我们能等到一个让罕见病真正“罕见”的世界。

被狗咬伤
之后……

要观察下狗是否有狂犬病症状。
不用担心，擦下碘伏，贴个创口贴就行了。
快去打疫苗！

小华被狗咬伤了！那只肇事的白色小狗在攻击成功后，一溜烟地跑了，留下吓哭了的小华和不知所措的小宁。

不一会儿，他们周围就聚集了一大群人，纷纷给他们出主意。

一位阿姨说："我刚才看到那条狗了，看起来挺健康的。当时这个孩子盯着它，又把手伸过去想要摸它，这才被咬的。不用担心，擦下碘伏，贴个创口贴就行了。"

一个推着婴儿车的妈妈走过来，说："被狗咬伤是大事。小朋友，赶紧让你爸妈带你去打疫苗！万一感染狂犬病可不得了！"

“那要是本来没事，打针打出事来怎么办？没看报道吗？疫苗也不是百分之百安全。”一位大爷也插嘴道。

一个背着书包，看起来像中学生的男孩说：“我听我们老师说，有个方法叫十日观察法。现在应该把那只狗抓回来，看看它在十天内会不会出现狂犬病症状，要是没有的话，说明它没病，那就不用打针啦！”

“跑都跑了，怎么抓啊？就算抓到，观察十天，万一那只狗有问题呢？再去医院还来得及吗？别等了，现在赶紧去医院！”

“医院才容易传染上病呢，没什么事别去医院。我这辈子还没见过被狗咬了出事的人呢，费那事干吗！”

一群人围在小华身边，七嘴八舌地发表意见，但谁也没说服谁。

听了这么多意见，小华和小宁更不知道该怎么办了。

正犹豫不决的时候，小宁想起来他们现在就在尹哥办公室附近。“尹哥一定有办法！”她马上拉着小华冲出众人的包围圈，向尹哥求助去了。

“你们怎么来啦？”尹哥听到声音抬起头，看着手上渗出血丝的小华，一下子明白了是怎么回事。他严肃地说：

“走，我们马上去医院！”

在去医院的路上，小华和小宁把其他人的建议都讲给尹哥听，尹哥摇摇头，向他们解释：“被狗咬伤后，千万不能抱有侥幸心理，第一时间去医院清理伤口并注射狂犬病疫苗，才是最正确的处理方式。”

“有位老爷爷说，他没见过被狗咬伤出事的人，为什么我们要去打针啊？”小华害怕打针，也好奇老爷爷说得对不对，于是就问尹哥。

尹哥认真地对小华说：“不是所有的狗身上都有狂犬病病毒。确实，防疫工作做得好的国家没有出现过狂犬病病例，比如新西兰、冰岛、瑞士、芬兰等。但就怕万一，万一感染上狂犬病病毒，几乎100%会死亡。”

尹哥话音刚落，就见小华惊讶得嘴巴张成了O形：“那……我还是赶快去打针吧。”

听到小华这么说，尹哥笑着轻轻拍了拍他的头，说：“别怕，狂犬病病毒有潜伏期，它会躲在我们的身体里，默默地不断强大自己的队伍，而不是马上让我们发病。等潜伏期一过，它就对我们不客气了，会让我们发烧、恶心、头痛、疲倦，然后就会神志不清、怕水怕风、难以呼吸、吃不下

东西，最终死亡。”

小宁不解地问道：“为什么说狂犬病几乎 100% 会让人死亡啊？尹哥你不是说就算患癌症，也不是 100% 会死的吗？”

“狂犬病很特殊，这种病毒会侵入脊髓和中枢神经系统，目标是我们的大脑。因为生物共享一些相同的基因，不少能感染人的病毒来自动物，这被称为人兽共患病病原体。狂犬病病毒就是这样一种病原体，因此，如果被携带狂犬病病毒的狗咬伤，人也会患上狂犬病，且一旦发病，死亡率接近 100%。根据医学上的记录，除了极个别人，其他的病人都死亡了。”尹哥回答。

小 D 说：“有医生用类似《哈利·波特》里的‘大脑封闭术’的方法，成功救治了一个被蝙蝠咬伤的女中学生，那只蝙蝠感染了狂犬病病毒。不过，这种方法很可能损伤大脑，而且之所以能救治，可能是因为蝙蝠传染的狂犬病病毒，毒性没有狗直接传染的强。”

看着小宁和小华吓得惨白的脸，尹哥出声安慰道：“也不用太害怕，科学家已经在想办法了，像狂犬病科研计划就是为了诊断和治疗狂犬病而发起的。而且，至少现在我们有疫苗。只要在被狗咬伤后，马上用肥皂水和自来水交替冲洗伤处至少 15 分钟，然后用碘酒或者浓度为 75% 的酒精进行消毒，接着立刻去医院或者防疫站打狂犬病疫苗就可以了。如果伤势特别严重，还要补充注射免疫球蛋白。”

“打完针就好了吗？”小华小小声问。

尹哥说："狂犬病疫苗要打 5 针，尤其是被咬后一周内打的 3 针最为关键。小华很勇敢的，对吧？"

尹哥接着说："狗是人类最好的朋友，虽然这位'朋友'有时候会对着我们亮出森然可怖的尖牙，在我们的皮肤上留下伤痕，可就像小朋友之间也会发生不愉快的事情，这些不愉快并不影响我们继续做朋友不是吗？而保护自己，是我们要学会的事。"

到了医院，医生给小华的伤口消了毒，打了狂犬病疫

苗，并叮嘱了一些需要注意的事。

“我以后再也不随便逗陌生的狗了，我会保护好自己，也不会像一些人那样去欺负狗。”

尹哥点点头：“小华，你能这么想真的很棒！如果你家里以后养了狗，记得要带它去打疫苗，而且必须打兽用狂犬病疫苗，做好防疫，这样就不会传播病毒了。”

小华和小宁用力地点着头，他们小小的肩膀上，已然承担起了一份责任。

“僵尸”来了：
这不是演习，是真的！

全球通缉令
腺鼠疫
天花
流感
埃博拉
…… ……
僵尸看起来一点也不可怕！
我们来看看比僵尸可怕的是什么。

你敢看恐怖片吗，里面有僵尸的那种？那些看起来格外吓人的僵尸，他们曾经是人，只是感染了僵尸病毒而变成了这般恐怖的模样。这个病毒有多厉害呢？《釜山行》等电影展示的是，如果被僵尸咬上一口，几分钟的时间里，身体就会发生变异，逐渐成为丧失意识的僵尸，到处寻找可以咬的人。

“小小的病毒怎么这么厉害，竟能够控制比它大那么多的人？”小宁不解地问。

尹哥告诉她：“要知道，文艺作品来源于生活，而生活却比文艺作品深刻得多。僵尸片里的恐怖程度可远远比不上现实生活。”

约 1500 年前，全球暴发腺鼠疫，2500 多万人死亡，

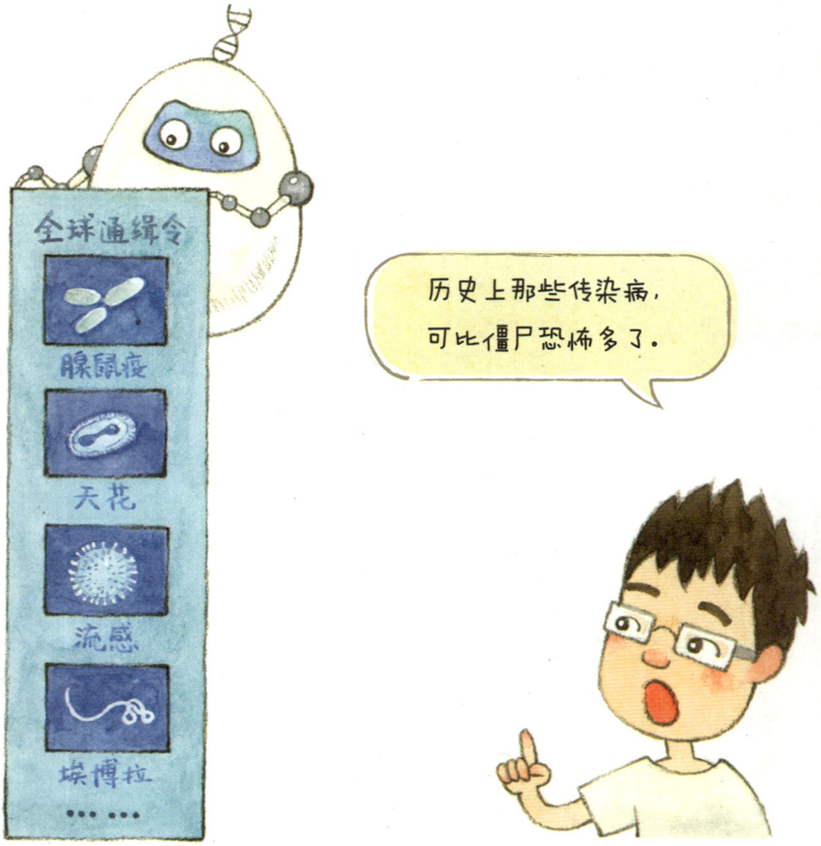

差不多占当时全球总人口的 13%。500 年前，天花病毒肆虐，杀伤力同样惊人，在欧洲造成约 15% 的人死亡。这种病毒还从欧洲传到美洲大陆，在 100 年的时间里，将那里的 3000 万人口消灭得只剩 100 万人。

我们都患过感冒，每年冬天都会有一次流感暴发，但因为流感而死亡的案例并不多。而在 1918 年，西班牙大流感让全球人担惊受怕，死于流感的人数比在第一次世界大战中死亡的人数还多。也正是这次流感的暴发，导致许多士兵生病甚至死亡，第一次世界大战因而提早结束。

这种具有强大杀伤力的病毒，最初来源于猪，不知何故传染到人身上，造成了人间惨剧。遗憾的是，这样的病毒不在少数，因为生物之间共享着一些相同的基因，不少能感染人的病毒都来自动物。

如果被携带狂犬病病毒的狗咬伤，人也会感染狂犬病，且一旦发病，死亡率接近100%。而来自野生动物的SARS（严重急性呼吸综合征）病毒，曾威胁不少人的生命，也令人们陷入恐慌之中。埃博拉病毒同样是由动物传播的，致死率达90%，那些感染者看起来如同僵尸一般，最终浑身僵硬，七窍流血而死。

僵尸的故事或许有一定的科学性。我们都知道，人死亡后，身体就不能活动了。为什么明显已经死亡的僵尸，依旧能走能咬？答案可能是基因。科学家们发现，生物体死亡后，身体里的部分基因仍旧在活动，尤其是引发癌症的基因，而且，这些基因还需要补充大量的营养。这么说来，它们是有动力操控生物体行动和进食的。

能将生物体变成僵尸的，除了病毒，还有寄生生物。这种生物的行为完美诠释了“鸠占鹊巢”的含义，它们进入生物体后，操控着生物体的行为。而比变成无意识的僵尸更可怕的是，受控制的生物体只是四肢受控制，头脑却是无比清醒的。想象一下，你的大脑是清醒的，但你却无法动弹，或者随意走动，那是一种什么感受？问问蚂蚁就知道了。

被偏侧蛇虫草菌感染的蚂蚁，自身的营养会被这种真菌吸走，行为会受它控制。什么叫身不由己？这就是。

这还不是最可怕的。最可怕的是，偏侧蛇虫草菌不仅把蚂蚁当作食物来源，还把它们当作生儿育女的温床。如果你看到一只蚂蚁站在高高的树叶上，咬着树叶一动不动，那就是偏侧蛇虫草菌在“生孩子”。它的那些后代会钻进蚂蚁亲朋好友的身体里，重复着这样的恐怖过程。

面对这种可怕的真菌，蚂蚁想出了一个办法：敌人的敌人就是朋友，欢迎另一种真菌也寄生到自己身上，来阻止偏侧蛇虫草菌的繁殖，避免更多的同类遭殃。

弓形虫是另一种跨界感染的典型，它们最爱待在猫科动物的身上，比如猫。为了进入猫的体内，它们可能会先从老鼠下手，控制这些原本怕猫的动物，主动走到猫的面前被猫吃掉，而弓形虫就趁机进入猫的身体。

“好可怕，有什么办法消灭这些可怕的微生物吗？”小宁害怕地问。

“有。除了疫苗、药物，我们还可以请噬菌体出马。看名字就知道噬菌体是‘菌’的克星，它对付细菌或真菌可是很有一手。它有办法进入细菌或真菌内，将它们消灭掉。”尹哥解释。

“太好了，我们终于不用变成僵尸了！”小华开心地说。

尹哥却表情略有些沉重地说：“虽然我们总能想出办法对付这些可怕的细菌、病毒，但历史上曾有人做蠢事，将它们作为对付人类自己的武器。

“人们发现这样不行，于是定了个协议，叫《禁止生化武器公约》。这个协议确实起到了一定的作用，可那些细菌、病毒还是存在，而且有的已经可以人工合成了，如果从实验室里泄漏出来，就会威胁我们的安全。所以，科学家要约束自己，而我们也要对未来多一些信心。”

谁偷走了爷爷的记忆？

记忆退化
反应迟缓
失去常识
判断力
理解及表达
能力下降
……

老人有时候会越来越像小孩，行为天真。有些人是童心未泯，有些人可能是因为生病。小华的爷爷就是这样，医生说他生病了。这种病叫阿尔茨海默病，俗称老年痴呆，不仅会让爷爷慢慢地忘记许多人和事，还会损害他的健康，最终导致死亡。

小华不懂爷爷为什么会生这种病，他不希望爷爷忘记自己。

“尹哥，我爷爷会好起来吗？”小华期待地问。

尹哥沉默了一会儿，开口说道：“很难，目前的医学还没有办法治愈阿尔茨海默病。”

小华哇地哭了出来。

“别哭，爷爷的病还只是早期，可以通过药物延缓病程。”尹哥立刻安慰小华，“你的陪伴和关心，能给爷爷很大的支持。”

小华止住了眼泪，问尹哥：“为什么爷爷会得这种病呢？奶奶也老说自己老糊涂了，可她却没有生这种病。”

“我们的身体会衰老，大脑也会衰老，这会让我们变得健忘。不过正常的衰老过程很缓慢，健忘的程度也不会很高，有时候仔细想一下，或是经别人提醒，就能够再想起来。阿尔茨海默病患者不一样，他们的大脑生病了，发生了实实在在的变化，没有办法正常工作，渐渐地就会丢失最宝贵的记忆。”

小宁问：“尹哥，小华爷爷的大脑怎么了？我看爷爷和我们一样啊，没看出来有什么变化。”

在尹哥示意下，小D投影出正常人大脑和阿尔茨海默病患者大脑的对比图。如果把正常人的大脑比作新鲜的核桃，那阿尔茨海默病患者的大脑看起来就像是干枯的核桃，上面还有许多星星点点的东西。

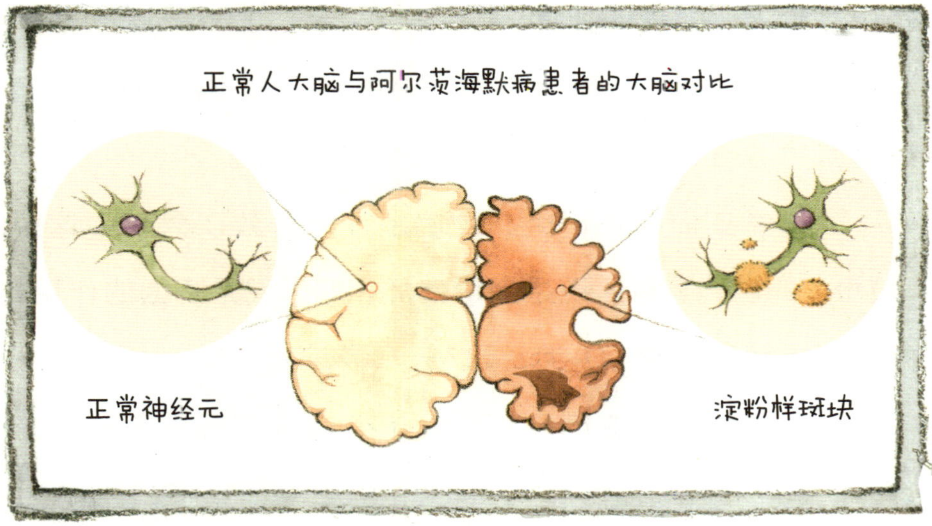

“我们可以把大脑想象成我们生活的小区，名字叫 β－淀粉样蛋白（Aβ）的蛋白质是小区里乱扔乱放的垃圾，名为载脂蛋白 E（ApoE）的蛋白质是负责清运这些垃圾的清洁工。有些小区的清洁工很多很努力，地上的垃圾很快会被运走，而有的小区的清洁工很少很不勤快，地上的垃圾往往越堆越多，将小区的通道都堵死了，人们无法回家，无法出门，无法叫外卖，最后可能会活活饿死。那些阿尔茨海默病患者的大脑，就像是清洁工不给力的小区，太多‘垃圾’阻碍了他们的神经交流，健康细胞也无法存活下去，慢慢地也就死亡了。没有了生气的大脑，没有办法正常运转，最后人只能走向死亡。”

听尹哥这么说，小华和小宁都很惊讶，原来外表看起来健康的爷爷，脑袋里正经历着这样的变化。

“科学家们还在研究，到底是什么导致了大脑中这些‘垃圾’的出现。有人说是病毒使坏，有人说是基因的作用，但还没有最终定论。”尹哥进一步解释说。

小华不甘心地追问：“科学家们还没有想出办法治疗这种病吗？”

“科学家们一直在尝试治疗这种疾病，不断寻找新的

阿尔茨海默病患者的大脑
就像垃圾遍地的小区通道

疗法。有的疗法已经有了初步进展，但离应用在人体上还有很长的一段路要走。因为还没有明确到底是什么原因导致了阿尔茨海默病，在研制出治疗这种疾病的药物之前，医生只能根据病人的症状来进行治疗和护理。”尹哥向小华介绍了目前治疗阿尔茨海默病的办法。

一些阿尔茨海默病患者，会因为长期缺乏交流，病情恶化很快；而一些即使有相关基因缺陷的老人，如果能保持健康的作息和丰富的社交活动，多用脑，多交流，就会降低患阿尔茨海默病的风险。

如果你的祖父母表现出较为频繁和严重的健忘等症状，记得提醒他们去医院检查，尽早治疗。如果他们已经被医生确诊患有阿尔茨海默病，那就需要家人和朋友多多陪伴，好好照顾。他们是我们的亲人，疾病不是我们忽略他们的借口，也不是他们失去快乐的理由。

运动有风险，跑“马”需谨慎

小华，周末一起玩吧！
我要跟妈妈一起参加马拉松比赛！

能健身，能减肥，还能锻炼意志的马拉松比赛，已经不只是一项运动，更是一种潮流。它一般分为全程、半程和5公里体验赛，一些小朋友和父母一起参加过体验赛，其中是否包括你呢？

马拉松是一项有百年历史的运动，它的诞生，却与一条生命的消逝有关。

在希波战争中，雅典取得了最后的胜利。可那时候没有电话，为了尽快将好消息传到雅典，长官派外号“飞毛腿”的士兵菲迪皮茨去送信。一口气跑到雅典城的菲迪皮茨，在说了一句“欢呼吧！雅典人，我们胜利了！”之后，就倒地身亡了。

菲迪皮茨

因为这场战争发生在雅典附近的马拉松海边，所以在雅典举办的首届现代奥林匹克运动会设立了名为马拉松的长跑项目，以纪念菲迪皮茨。

如今，马拉松是一项热门的全民运动，同时也是一项有风险的运动。长时间的跑步会对心脏造成很大的负担，如果心脏功能不强，就有可能在长时间的跑动中停止工作。

而且，哪些人容易在马拉松运动中倒下，从外表是无法判断的。有的人体检正常，平时看起来也很健康，还经常跑步，但仍可能在某次运动中猝死。

要了解是否有猝死的风险，需要做专业的检测才行，基因检测就能测出心源性猝死的风险。*CDH2* 是一种与猝死风险有关的重要基因，如果结果显示这种基因存在缺陷，应该避免参加像马拉松这类极限运动。

即使与心源性猝死相关的基因正常，也不能说完全没有猝死的风险。心源性猝死的影响因素有很多，过度疲劳、兴奋、愤怒等都有可能造成猝死的结果，这需要我们在日常生活中加以预防。

如果你听大人说感觉胸闷、胸痛、头晕或头痛等，要立即让他们休息，或是去医院进行全面的检查。这些症状是身体发出的求救信号，如果不重视，后果将很严重。

每个人的身体状况或多或少都有差异，适合的运动方式也不一样。我们要爱惜自己的身体，找到适合自己的运动方式，学会科学地运动。只有这样，才能确保运动带来的是健康。

为什么很多人
喝了牛奶
会拉肚子？

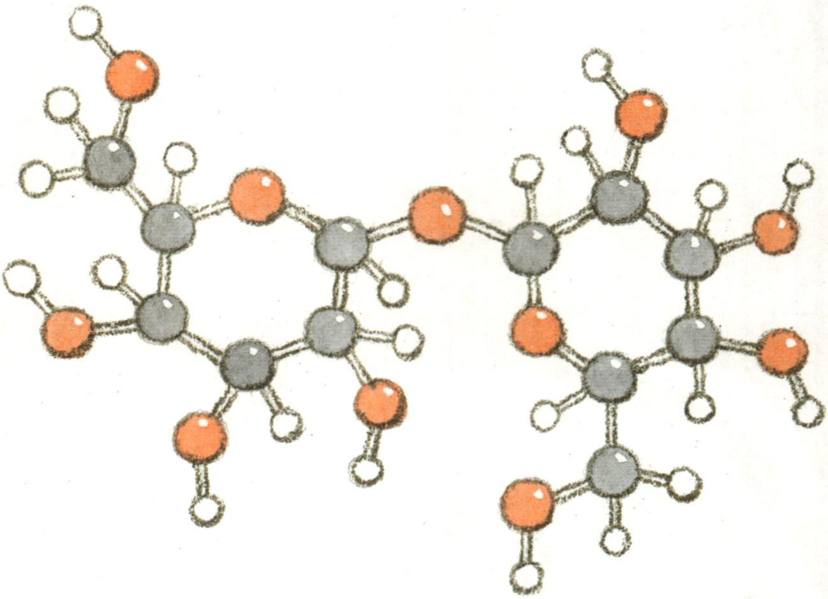

牛奶
为什么很多人喝了牛奶都会拉肚子？
这种情况就叫作“乳糖不耐受”。

喝完牛奶后腹痛、腹泻的罪魁祸首究竟是谁？原来，它就是哺乳动物乳汁中的双糖，人称“乳糖”。

乳糖不耐受是一种普遍存在的情况。很多人适应不了牛奶，喝了免不了要多去几趟洗手间。

母乳中乳糖的含量比牛奶还要高，所以刚出生的小宝宝也会有这种情况。

为什么不同人群对牛奶的接受能力大不一样呢？对乳糖分解能力的高低，正是能不能喝牛奶的关键。

乳糖怎么分解?

每 100 克牛奶里，乳糖的含量大约是 4.5 克。乳糖是一种双糖，进入人体后，需要乳糖酶这个关键的拆箱分包工人将它们一一分解，才能转化成葡萄糖及半乳糖。这样一来，乳糖才能顺利地被肠道吸收。

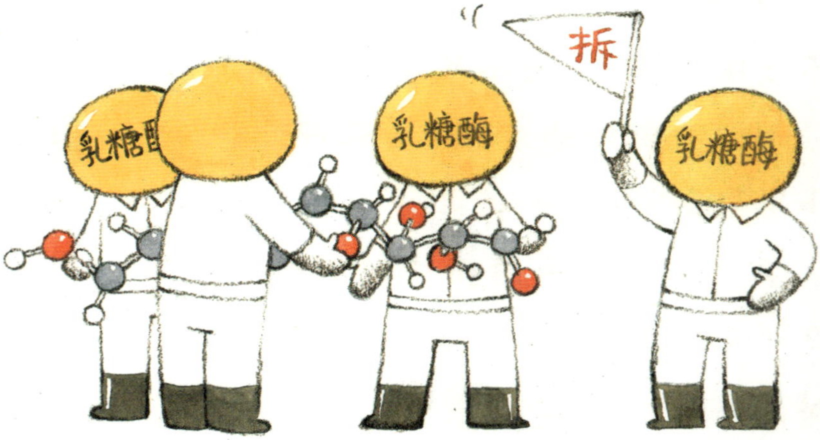

如果工人人手不够，会出现什么样的情况呢？

没经过分解的乳糖会直接通过消化道，来到回肠的末端，或者结肠。在这里，乳糖碰到某些肠道细菌，就会开始发酵。

在发酵过程中会产生气体。这可不是什么美好的体验……这时，肚子会发胀，气体会从肛门排出，也就是俗称的“放屁”。

多余的乳糖还会带来什么后果呢？

肠道内容物的渗透压会升高，使其变身水泵，从血浆里抽水。过多的水分流入肠道，人就会腹泻。

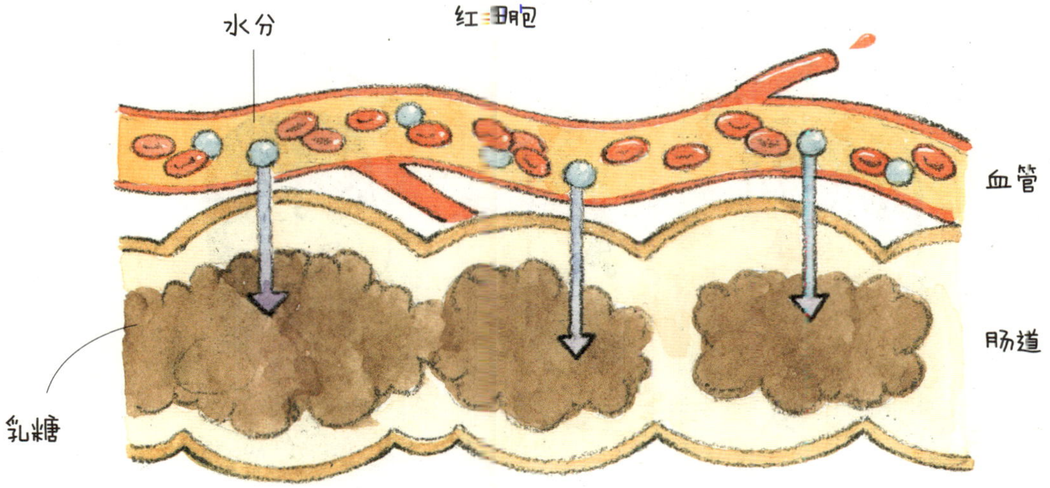

乳糖酶分泌不够，就会导致上述各种症状，也就是我们常说的乳糖不耐受。

要消化乳糖，就需要多编码一些乳糖酶。编码这种酶的基因 *LCT* 位于第二号染色体上。当 *LCT* 开启的时候，也就开启了合成乳糖酶的生产线，这就为喝牛奶做好了准备。

能不能喝牛奶，这跟基因有关

大部分中国人都是乳糖不耐受基因型，但并不是只要这部分人吸收了乳糖，就会放屁或者拉肚子。

因为乳糖是否耐受还取决于吸收了多少量的乳糖，并且轻重程度也会因为每个人体质的不同而不同。

而且只要不在短时间内喝大量的牛奶，通常并不会有什么症状。如果喝牛奶的同时，吃一些面包、点心等淀粉类的食物，也会大大减弱乳糖不耐受带来的不舒适。

其实，不只是中国人才有这种特殊的基因型，世界上很多人都存在这种情况，而且由来已久。

既然是基因惹的祸，如果这部分基因发生突变，这个问题就解决了。

7500 年前，靠着基因突变这种神奇的方式，一群可以消化乳糖的成年人出现了！

在某个时候，一名欧洲小宝宝的 *MCM6* 基因发生了突变，减弱了对 *LCT* 基因活性的影响，从而能够持续生成乳糖酶。经后世科学家研究发现，*MCM6* 基因能够影响 *LCT* 基因的功能。

当这名小宝宝长大成人，他惊喜地发现自己与众不同，可以豪饮鲜奶，无所畏惧。

这个突变的基因自然也遗传给了他的子子孙孙。从此，这一族人能持续喝牛奶，拥有了便利的营养来源，变得越

发强壮。因为身体上具有优势，他们获得了更多的繁衍机会，这个突变的基因也因此在欧洲迅速扩散开来。

很快，欧洲南部农民和放牧者因营养水平飞升，拥有了很大的优势，击败了北方依靠狩猎采集为生的牧民，开始向北进军。这些能耐受乳糖的人就成了大部分欧洲人的祖先。

到了今天，主要生活在欧洲的他们已占全球人口的35%，几乎所有人喝起牛奶来都毫无问题。

乳糖恼人，怎么避开？

牛奶中含有丰富的蛋白质，如果乳糖不耐受的人还是想喝牛奶怎么办呢？

也许，你可以喝酸奶。酸奶中的乳糖已经被大量发酵为乳酸，酸奶中所含的乳酸杆菌等细菌还自带乳糖酶，能够帮助身体分解摄入的乳糖。

你看，在南亚次大陆，大部分人也是乳糖不耐受基因型，而酸奶在他们的饮食结构中却占有重要地位，也没有引发什么不愉快。

少数对乳糖特别敏感的人，可以试一试舒化奶。利用乳糖水解技术，厂商已经帮我们把大部分乳糖提前分解好了，变成更容易吸收的半乳糖和葡萄糖。这下就可以放心饮用啦。

只要选择适当的奶制品，我们依然能够享受这份自然的馈赠！

小偷阻击战：谁是最后的赢家？（上）

尹哥，不是说人类是地球之王吗？为什么新冠对我们的影响这么大呢？
因为微生物才是地球之王！

2020年，新冠病毒的突袭，打了人们一个措手不及。可能是在生物链的顶端站得太久了，人类有时候过于自大，自认为是地球之王，战无不胜。要知道，即使从人猿相揖别算起，人类在地球上的历史也不过几百万年，而病毒已经在地球上存在超过34亿年了。它们很可能是地球上最早出现的生命形式。

因为疫情，学校不开课，小华、小宁都待在家里上网课。为了安全起见，他们也很少出门，很长一段时间都没能去见尹哥。

这一天，两人商量和尹哥视频通话，来一次“云”端会面。

热情地互相问候后，三人便聊起了这次疫情。

小宁说：“尹哥，为什么这次疫情叫新冠啊？难道还有‘旧冠’吗？”

“这个问题有趣。”尹哥笑了笑，说，“如果你在电子显微镜下观察冠状病毒，会发现它长得很像国王头上的皇冠。

“病毒的体积往往都很小，在电子显微镜发明之前，人们甚至没有办法观察到它们。病毒通常由 DNA 或 RNA 链构成，和双链结构的 DNA 相比，单链的 RNA 更不稳定，它们一看形势不对就变异，实在是狡猾得很。在已知的 RNA 病毒家族里，冠状病毒的基因组是最大的，足有 30000 个碱基呢。”

尹哥接着介绍：“冠状病毒有许多种，目前已发现有 7 种能感染人，引发这次疫情的冠状病毒是其中一种。像 2003 年暴发的 SARS、2011 年流行的 MERS（中东呼吸综合征）的致病病毒，也都是冠状病毒的一员。为了与之前的冠状病毒区分开来，这次疫情的罪魁祸首被称为新型冠状病毒，它引发的病症叫作新型冠状病毒肺炎（COVID-19），简称新冠。实际上，新冠病毒与 SARS 病毒是同宗兄弟，二者有不少相似之处，但在传播能力上，新冠病毒比 SARS 病毒强多了。”

“尹哥，新冠病毒怎么那么厉害啊？”小华问。

尹哥回答："不只是新冠病毒，许多病毒都不简单。病毒属于微生物家族的一员，而且是其中的狠角色。作为地球上的老资格，它们分布在这个星球上的各个角落。作为生命的始祖，各个物种身上都有病毒的痕迹，我们人类的基因组中，也有一定数量的基因来自它们。我们演化成今天的样子，很有可能也有它们的功劳。

"它们有自己固定的住所，但也会时常搬家，在不同物种之间交流，是它们的日常消遣。当它们旅行到人体这一站时，大多时候都会掀起一阵波澜。"

小宁惊讶地问："旅行？病毒为什么要到处跑呢？"

“有时候并不是它们主动想旅行，而是原本的生活受到了影响，没办法才要搬家。比如，有的病毒本来在蝙蝠身上待得好好的，它们和蝙蝠井水不犯河水。人偏偏要把蝙蝠抓来吃掉，病毒为了生存，可不得搬家嘛。”尹哥说。

小华皱着眉头问：“这么多人感染新冠病毒，也是他们吃了不该吃的东西吗？”

“有研究显示，SARS 病毒可能由果子狸传播给人，MERS 病毒可能由骆驼传播给人，而新冠病毒的传播源很有可能也是动物。天下美食那么多，那些人偏要冒险挑战不能吃的，这样的行为实在令人费解。”尹哥不赞同地摇了摇头。

“新闻上说，三文鱼也检测出新冠病毒了。三文鱼也会感染新冠并传播给我们吗？”小宁插话道。

尹哥摆了摆手，说道：“我认为三文鱼可不该背这个

锅。新闻上说的是，在切三文鱼的案板上检测出了新冠病毒。检测出的病毒是否具有活性暂且不提，鱼类感染新冠病毒的可能性是极低的。目前看来，新冠病毒只会感染哺乳动物，而且主要通过‘特定通道’侵害肺部。鱼可没有肺，也没有哺乳动物的‘特定通道’，所以是不容易感染新冠的。其实不只是鱼，鸟类、爬行动物都不容易被感染。当然，疫情期间，为了安全起见，还是尽量少吃生食，食物煮熟了再吃。要知道，新冠病毒怕高温，哪怕食物上沾染了病毒，持续一段时间的高温也能灭掉它呢。”

小偷阻击战：谁是最后的赢家？（下）

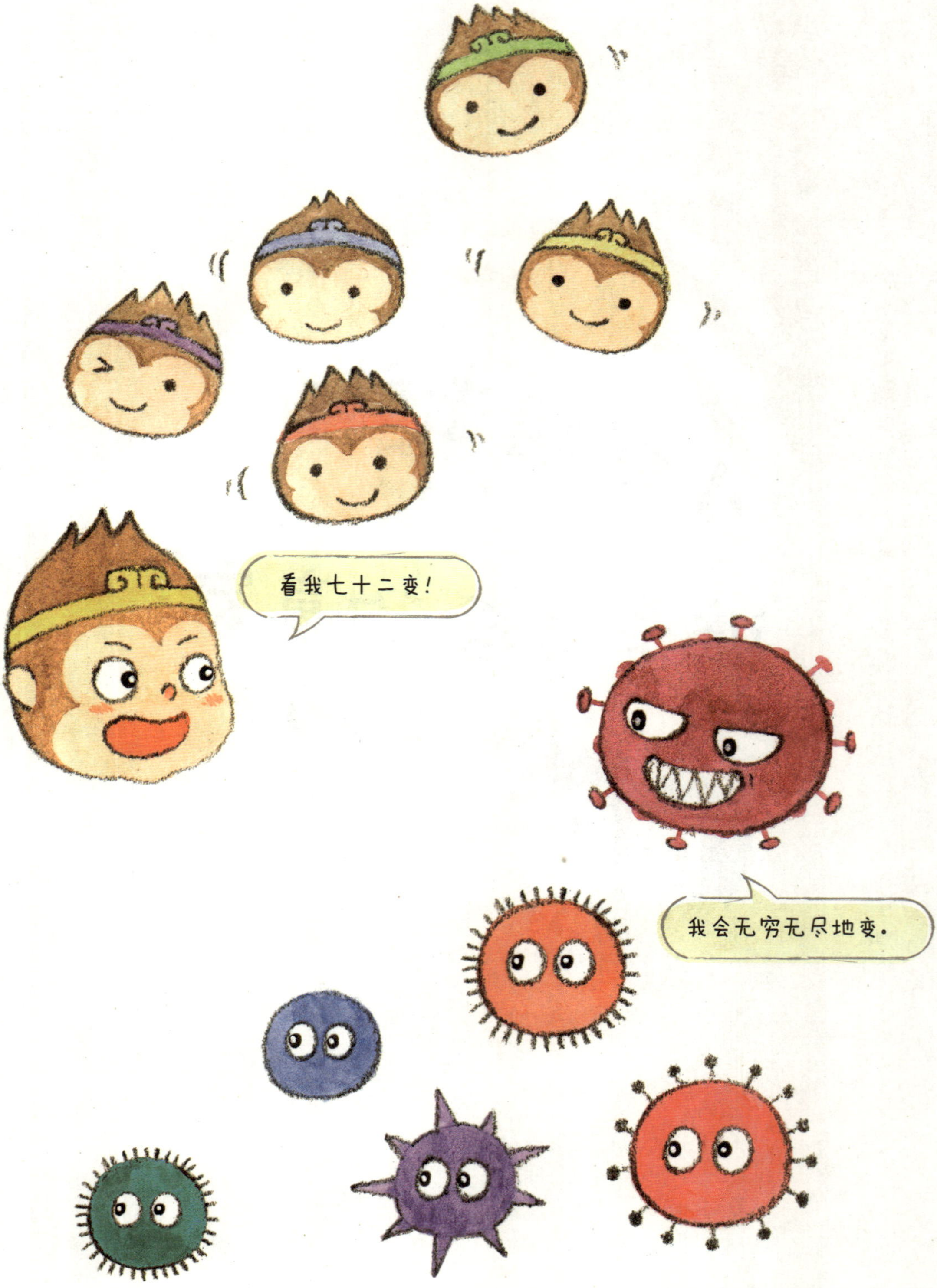
看我七十二变！
我会无穷无尽地变。

对于病毒究竟是如何感染人的，小华脑袋中依旧充满着太多的问号。趁着这次云端见面的机会，小华决定打破砂锅问到底。

“新冠病毒究竟是怎样进入人体的呢？”小华缠着尹哥问道。

“当我们接触到具有活性的新冠病毒时，它们就会从我们的呼吸道进入体内。对于它们的侵入，人体免疫系统不会袖手旁观。如果说病毒是小偷，那我们身体里担任警察职责的就是抗体，它们从免疫系统这座警校毕业后，被分配到各个岗位，专抓对口的小偷。

“病毒一看，哎哟，来抓我了，改个装扮吧！为了躲避免疫系统的追捕，它们开始变异。抗体警察一看，不认识啊，就无动于衷，于是病毒就钻了空子，突破人体防线开始肆虐。”

小宁举着手中的免洗洗手液，问：“大家都说戴口罩、勤洗手、多消毒能预防新冠，这是真的吗？”

尹哥点点头：“这是有效的预防手段。虽然病毒只有在细胞里才能繁殖，但不代表它离开生物体就会死亡，它会飘浮在空气中，寻找机会再度进入生物体。所以我们一定要做好预防。

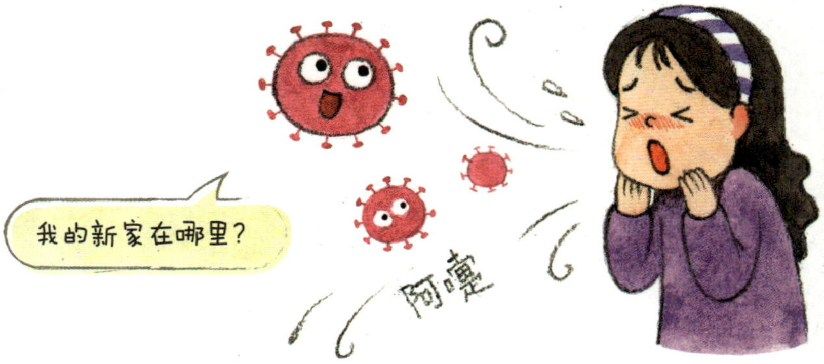

“如果新冠病毒没有进入人体，而是附着在人体表面或物体表面，它们有可能具有活性，也有可能失去了感染能力。当然，这种情况下我们也不能掉以轻心。为了防止病毒接触眼睛、鼻腔、口腔等部位的黏膜而致病，洗手、消毒工作还是要做的，不怕一万，就怕万一嘛。”

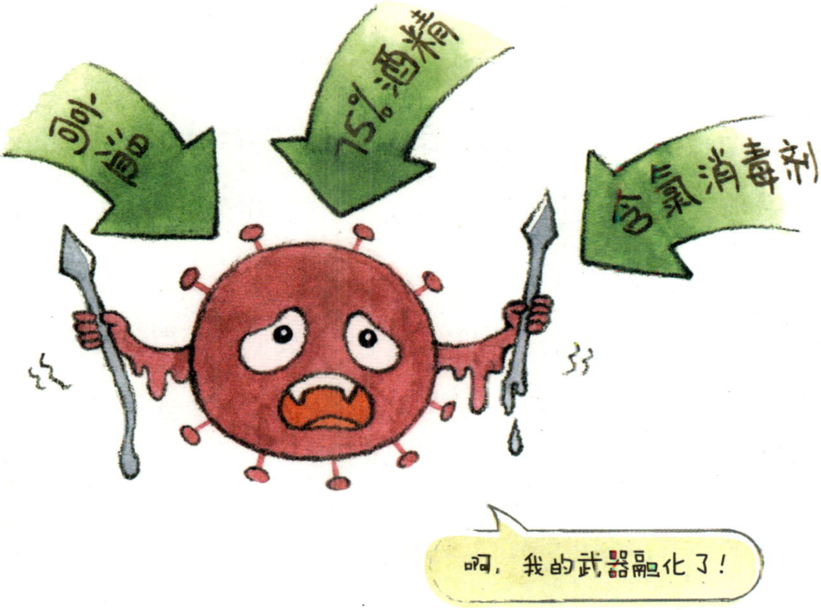

小宁有些怯怯地问：“那要是新冠病毒进入人体了呢？它是怎么让我们生病的？”

尹哥朝小D招了招手，说道：“来，小D，给我们展示一下新冠病毒的致病过程。”

小D一摇一摆地过来了，它不紧不慢地讲着，屏幕上开始出现新冠病毒感染人的过程。“当新冠病毒接触到人体黏膜后，便开始寻找细胞，打算复制自己。和其他大多数病毒一样，它的遗传物质外面也裹着一层蛋白质，用来迷惑细胞，这层蛋白叫刺突蛋白，也称S蛋白。它会与细胞上的受体*ACE2*结合，结合的过程就像拿钥匙开锁一样，然后它就能大摇大摆地进入细胞了。新冠病毒之所以传染力这么强，与它的S蛋白与受体*ACE2*结合能力更强有关。”

尹哥补充道：“我们了解了新冠病毒感染细胞的原理，就能研制药物和疫苗了。”

小华和小宁听了都很兴奋：“我们能攻克新冠啦？”

“还早，”尹哥摇了摇头说道，“才走出了万里长征的第一步。要知道，我们研究了那么多年的艾滋病、SARS，至今也没有研制出疫苗和特效药。”

听到这句话，小华和小宁明显有些失望。尹哥紧接着又说：“虽然暂时没有在现有药物中发现治疗新冠的特效药，而且新研发的话，一般来说需要十年以上的时间，但我们倒是可以期待疫苗。世界卫生组织7月7日公布的候选疫苗有160种之多，其中21种已经进入临床试验阶段，另外139种处于临床前阶段。

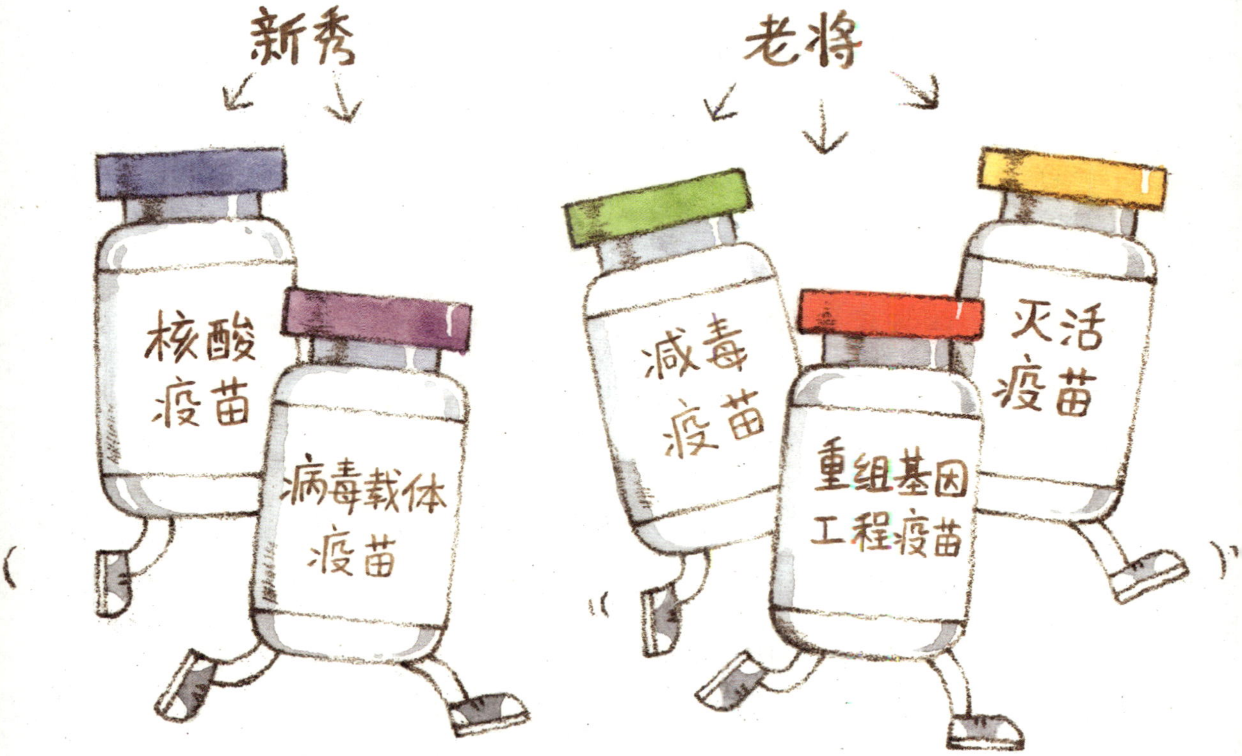

“不同的疫苗技术各有优劣，见效快的安全性不一定好，持续作用时间长的成本又高。但它们的目标都是一样的，那就是刺激人体的免疫反应并产生抗体，等下一次新冠病毒侵入时，能够一举歼灭它们。

“抗疫方法不嫌多，最好的做法是多种方式同时进行，既需要个人有好的卫生防疫意识，也期待国际科研团队的突破进展。在药物和疫苗没有出现的时候，我们最需要做好的是病毒检测、隔离的防疫工作，隔绝病毒的传播路径，这样才能最大限度地减少感染。”

“我爸爸出差之前就做了检测呢，他说检测的过程可不好受，医生会拿长长的棉签从嘴巴伸进去，一直伸到喉咙里。”小华说着，还咳嗽了两声，仿佛那根棉签就在他喉咙里一般。

“这是咽拭子检测法，为的是沾取咽喉黏膜部位的分泌物。这个过程确实会让人感觉不舒服，但如果真的感染了病毒，咽喉分泌物中的病毒含量比唾液中的高，从咽喉中取样的检测结果也会比检测唾液来得准确。如果说做检测是帮助警察抓小偷的话，那病毒多的情况就相当于聚集的小偷团伙，行踪往往更容易泄露。”尹哥解释道。

小宁忍不住问道："尹哥，我们什么时候才能恢复过去那样的生活呢？"

"新冠病毒可能会像流感一样，具有周期性、季节性和社区传播性，在有效的疫苗和药物出现之前，我们很可能要和新冠病毒长期相处，这对我们的生活方式提出了新的要求。相信经过这次疫情，你们已经知道该如何与病毒安然相处了吧？"尹哥笑问道。

"戴口罩。"

"勤洗手。"

"少聚集。"

“不吃野生动物。”

…………

小宁和小华你一言我一语地说了起来，说着说着，三人都忍不住笑了。

戴口罩

勤洗手

少聚集

后记

埋下种子，静待花开

说孩子听得懂的生命科学

奇思妙想 vs 踏实求知

我的童年时代是泡在书海中以及奔跑在田野里度过的。我的父母酷爱读书，印象中家里的藏书不下一万本。父亲在我年幼的时候就常给我讲《山海经》《西游记》，母亲则会挂着相机带我去拍花草，做标本。在能自主阅读后，我自然对《昆虫记》《本草纲目》等书兴趣盎然。不只乐于阅读，我还勤于实践。我着迷于生物的多样，鱼、乌龟、豚鼠、兔子、猫、刺猬……都是我家里的常客，养宠物的

过程中，我也收获了颇多乐趣。

回溯孩提时代，似乎我的人生选择，在那时候就打好了底色。

高中临近毕业时，我获得了多所大学的保送机会。我选择大连理工大学的原因，是它列了 64 个专业供我挑选，其中就有生物工程。

如果说童年对生物的兴趣与光怪陆离的想象有关，那么成年后走上生命科学的研究道路则源自踏实求知。

在华大基因工作期间，我读了博士，主持了不少科研项目，发表了 40 多篇论文。担任 CEO 职务后，我发起了不少公益计划，也开展了一些科普项目，为对生物科技感兴趣的朋友讲述科学故事。读者朋友中有不少小朋友，每次看到家长发来的肯定，我都欣慰不已。我和团队小伙伴们还常在中小学乃至幼儿园开办科普讲堂，孩子们的求知热情让我振奋，他们的知识面也让我惊讶不已，越发觉得科普是一件有意义的事。

在我小的时候，科普书的种类并不多，印象中只有《十万个为什么》《百科全书》是给孩子看的。到了我的

孩子这一代，我发现好的科普书多了许多，每每在亲子阅读时，那些优秀的科普书连我都看得很入迷，仿若童年重新来了一遍。但这些经典科普书大都引进自国外，不少科普大V推荐的少儿科普，绝大多数也来自国外。这也是我决定推出这套少儿科普的原因，我要让中国的孩子能看到本土原创的科普书。

在个人的成长过程中，我感受到，孩子的兴趣是能影响他的人生选择的。兴趣是最好的老师，如果说21世纪是生命科学的世纪，这100年里，中国的生命科学发展，有赖于几代孩子自发投身其中，希望有正在看这本书的孩子的身影。

静待花开 vs 拔苗助长

当孩子问你“我是怎么来的”时，你是怎么回答的？当孩子问你“为什么我们和蚂蚁不一样”时，你又会如何解释？与得到回答相比，学会提问

是孩子更大的进步。在孩子问出有价值问题的时候给出同样有价值的回答，则是对父母更高的要求。

焦虑是现代父母的普遍心理。现代社会的精英教育模式与孩子出生便面临的竞争，不仅给孩子压力，父母也不轻松，恨不得让孩子样样精通，拥有十八般武艺。

事实上，生有涯，知无涯。孩子面对的是复杂而未知的世界，教会他如何与世界和自然平和相处，让他在俗世中感受幸福，是父母应该做的事。幸福感如何获得？比如求知探索，建立自信，找到兴趣所在，持之以恒地探索。

已知圈越大，未知圈也越大，求知不是单纯地学习知识，更多的是一种思维方式的锻炼，教会孩子从万变中找出不变，将未知变成已知，且不惧未知。

组成我们每个人基因的基石都是一样的，都是 A、T、C、G 四种碱基。你和万物相联结，和路边的野草是远亲，和鱼有 63% 的基因相似，和黑猩猩基因相似程度达 96%，和路人有 99.5% 相似的基因，遑论你的孩子，他们和你有

着最深的羁绊，最亲密的缘分。孩子的基因全从父母处来，但他们的人生却不受父母的限制。他们是自由的，是创造了奇迹的生命。

不要试图逼迫孩子对什么东西感兴趣。如果你想引发孩子对生命科学的兴趣，不妨自己先读这本书，然后化身尹哥，和孩子交流。相信孩子的问题会让你惊喜，你们之间的交流会让你惊讶。那是生命的神奇——一个弱小的、曾被全天候照顾的宝宝，脑袋里却藏着整个宇宙的奥秘。你会为此感到幸福。

沉浸式阅读

既然我立志要“说你听得懂的生命科学”，这个“你”，自然也包含孩子。在《生命密码》的知识点基础上，少儿版既做了难度上的简化，也用漫画的形式丰富了内容，以引发孩子们的兴趣，便于孩子们理解。

我们努力将每一个故事的发生场景化，让孩子们进入角色，沉浸其中，在体验中学习。

我们尝试为知识点配上漫画，通过视觉化效果既浅显又生动地传递信息。

相较于知识填鸭，我更倾向于互相提问和启发式地学习。我们把自己的思维放在和孩子的思维同一高度，平等地进行朋友式的沟通，激发孩子的内啡肽驱动性，让他由兴趣开始，去自发地学习。毕竟，科学也并非永远正确，但科学的价值就是让人类的认知在不断被推翻中前进。

故事里的小华、小宁，可以是我们身边每一个脑袋里装着十万个为什么的孩子。借他们之口，我们在问答中沟通，体会生命科学的趣味。如果你也有自己关心却没从书中得到解答的问题，欢迎在“尹哥聊基因”公众号留言告诉我们。

在我的想象中，会有那么一个早晨，当我老去的时候，有人敲开我的门，告诉我有多少孩子，是在童年的时候得到正确的引导，产生了对生命科学的兴趣，推动了生命科学的发展。这是世界的幸运，也是我的幸福。

谢谢你选择这套书，我们离“让生命科学流行起来”的目标又近了一步。少年强则中国强，当孩子对生命科学感兴趣，我仿佛已经看到了中国生命科学持续引领世界的未来。

你一定想不到

趣解生命密码系列

地球生命的未来

尹烨 著　杨子艺 绘

中信出版集团 | 北京

图书在版编目（CIP）数据

地球生命的未来 / 尹烨著；杨子艺绘. -- 北京：中信出版社,2020.10（2024.6重印）
（你一定想不到. 趣解生命密码系列）
ISBN 978-7-5217-2079-2

Ⅰ. ①地… Ⅱ. ①尹… ②杨… Ⅲ. ①基因－少儿读物 Ⅳ. ①Q343.1-49

中国版本图书馆CIP数据核字(2020)第138011号

地球生命的未来
（你一定想不到·趣解生命密码系列）

著　　者：尹烨
绘　　者：杨子艺
出版发行：中信出版集团股份有限公司
（北京市朝阳区东三环北路 27 号嘉铭中心　邮编　100020）
承 印 者：北京利丰雅高长城印刷有限公司

开　　本：787mm × 1092mm　1/16　　印　　张：33.75　　字　　数：540千字
版　　次：2020年10月第1版　　印　　次：2024年6月第6次印刷
书　　号：ISBN 978-7-5217-2079-2
定　　价：192.00元（全四册）

如果说生命是一套复杂的代码，那么我相信人类的代码中有爱。

愿每一个孩子在生命科学的世界里，发现新的乐趣和方向。

——尹烨

序言一

解读生命密码，发现更美好的未来！

尹传红

中国科普作家协会副秘书长

《科普时报》原总编辑

科幻小说中描绘的未来，正在以各种方式和惊人的速度，“浸入”到我们的现实生活里。而日新月异、时刻迭代的生命基因科学技术作为一支不容忽视的强大力量，已然开拓出种种新的可能，极大地扩充了我们对世界的认知，也必将对人类社会的未来产生深远的影响。

比如，成功的基因疗法让那些长期困扰人类的健康问题，从“根”上就能得到解决！我们已经获取了许多有关健

康问题的基因规律。相应地，就可以有针对性地制造新药或进行治疗。这一切，都是拜生命基因科学技术发展之所赐。

然而，对于被称为“生命的密码”的生命基因科学，我们又了解多少呢；你是否知道，为什么有的男孩子喜欢打篮球却不喜欢吹笛子；国宝大熊猫为什么喜欢吃竹子；憨憨的大象为什么几乎不患癌症；威猛的恐龙和猛犸象到底能不能复活……

翻开这套书吧，你定能惊喜地找到答案，并且延伸更多的思考。

在这套图文并茂、饶有趣味的书里，尹烨博士还从多个角度立体地阐释了生命基因科学的一系列基础问题：我们为什么不一样？地球上什么时候出现了生命？生命如何步步演化以适应严酷的生存环境？智慧是怎样诞生的？书中还以十分通俗的语言，揭示了地球上万千物种里的基因奥秘，描述了基因中的缺陷导致的疾病，并探讨了未来对这些疾病的治疗，展望了生命基因科学技术在治疗疾病、改善人类生活质量等方面的应用。

全套书在内容的选取上，也非常贴近日常生活。餐桌网红小龙虾、奇异的传粉昆虫、长寿的银杏、会摆头的向

日葵、争奇斗艳的花儿，还有让一些人着迷的灵芝……几乎每个部分都由一个鲜活、常见的生活话题，引出要探讨的有意思的生命科学话题。

为了让孩子们阅读时能更加投入，全书精心打造了故事人物形象。我们的作者化身博学多才、幽默风趣的“尹哥”，在书中耐心地为孩子们答疑解惑、指点迷津，将生命科学知识点故事化、场景化，让大家进入角色，沉浸其中，在体验中学习，在探索中思考。全套书中还配有将近500幅“自带生命”的手绘图片，它们生动、形象、谐趣，为每个知识点铺垫添彩，尽展科学魅力。

尹烨博士的这一新作堪称一部精彩的“生命之书”。相信孩子们读过后，对生命、生灵、自然、万物以及人与自然的关系等，会有一番新的认识和省思。

我为孩子们能读到这套书而高兴，也非常乐于向大家推荐这套优秀的生命基因科学探秘书。真诚希望这套书伴随着你们的阅读和思考，能够带给你们心智的启迪和精神的享受，并且增益你们的智慧，助力你们的进步，见证你们的成长！

解读生命密码，发现更美好的未来！

祝大家阅读快乐！

序言二

基因密码，打开绚丽多彩的世界

邢立达

古生物学者、知名科普作家
中国地质大学（北京）副教授

基因作为生命的密码，它所包含的指令与我们的生活息息相关。放眼望去，我们身边无论猫狗鱼虫，还是花草树木，这些动植物身上都携带着基因，各式各样，纷繁复杂。想不到吧，尽管表面看起来差异巨大，它们竟有不少与我们人类有着同样的基因！当然，基因的奇妙之处远不止于此。所以从这个角度来说，给小朋友普及一些与日常生活息息相关的基因知识，是启迪心智、开阔视野，带他们进

一步认识这个绚丽多彩的世界的良方。

我所熟知的尹烨博士写的这套“你一定想不到：趣解生命密码系列”，就是专门为小朋友讲解生命基因科学知识的书。

在这套生命基因科普书中，尹烨博士化身为青年科学家“尹哥”一角，和两个儿童角色小华、小宁，以及智能机器人小 D，一起代入故事之中，由科学家与孩子们的互动问答，串联起生动有趣的科普知识。书中从多角度立体揭示了基因的奥秘，不仅特别讲到了长时间困扰大家的热点话题，如地球何时出现的生命、生命是如何步步演化的、为何会有疾病、生命将走向何方等，也穿插了诸多个人见解和反思，是一套专门写给孩子的生命科学启蒙书。

完全可以这么说，尹烨博士用有料、有趣、有用的内容，科学严谨的态度，以及孩子看得懂的语言，轻松解答那些古怪又让人忧心的问题。他不仅对复活猛犸象等问题进

行了讲解和答疑，还用浅显的笔触，贴近日常生活的文字，诠释了生命之谜、之趣，毫无疑问，这是适合全家人一起阅读的生命科普佳作。

科普图书千千万，这套书可谓别开生面。它从基因着眼，从小朋友身边常见的鸟、兽、虫、鱼、花、草、树、木入手，更能让孩子近距离感受到基因的神奇之处。它通过讲述我们身边的生命科学知识，将喜闻乐见的话题融进生动活泼的故事，再辅以简洁易懂的文字和精美有趣的插图，如春雨般润物细无声，悄然呈现了遗传学、分子生物

学、基因组学、合成生物学等多个生命科学领域的知识，展现了生命之美。

想必这就是这套图书创作的初衷。

愿小朋友们多多学习生命科学知识，更好地了解我们人类自身，以及这个绚丽多彩的世界。

自序

写给小朋友的一封信

尹　烨

亲爱的小朋友们：

你们好！

我是尹哥，一名科技工作者，也是一名科普传播者。我特别喜欢生命科学，脑袋里有一堆和生物有关的故事，如果有小朋友问起，我的话匣子就关不上了，自己还常乐在其中。这不，我准备了一套书给你，里面是我给两个小朋友讲过的故事，还要向你们介绍一下我的小助手——智能机器人小 D，它也不时出镜，带给我们惊喜呢。

当你翻开这套书时，请想象自己的身体无限缩小，但

记得把自己的思维无限展开，因为我们就要开始一段奇妙的旅行，前面等着我们的，是一次次时空变幻，一个个奇妙物种，一片片新的领域，你会看到一些你原本熟悉却并不了解的事。

也许你会不理解，有什么事情是你熟悉却不了解的呢？举个例子吧，你肯定知道青蛙，也知道它对人类有益，但你知道青蛙为什么曾被人强制洗牛奶浴吗？你常看见蚂蚁，也知道蚂蚁是大力士，可你知道蚂蚁当农夫的历史比人类还要久远吗？你知道每个人都是独特的，也知道每个人都面临生老病死，可你知道为什么有的人生下来就有缺陷，而有的人老了会忘记一切吗？还有还有，你知道科技为我们的生活带来了便利，知道现代医学能拯救许多生命，可你知道如何能让瘫痪的人站起来吗？如何才能使已经在地球上消失的动物复活？

我们生活的世界实在是太神奇了，人只是世间万物中的一员，而且在地球历史上出现的时间并不算长。假如地球只有一岁，人在最后一天的午夜才站上食物链顶端。我们真的没有那么厉害，

自然界中许多动植物、微生物都有自己的过人之处，相对而言，在演化的长河中，人才是生存能力最弱的生物，而且，我们亏欠自然的也很多。要想继续待在食物链顶端，我们需要好好地向自然学习，与自然和谐相处。

我告诉你个小秘密，尹哥很可能是你的远远远房亲戚。别看我现在的个头比你们的大很多，但是，我们基因的相似度却很高。这就提示我们大概在几万年前，我们有着共同的祖先。还有啊，你也许没有想过，你和身边的万物都有联系。基因是我们的遗传物质，正是因为有了父母提供的基因，世界上才有了你。当你外出踏青的时候，你脚下的小草其实是你的远亲；当你在动物园里看动物的时候，笼子里看着你的猴子、猩猩、狮子、大象……都与你拥有着共同的生命基础——细胞和基因；当你吃下每一口食物的时候，你肠道里的微生物同样因为获得食物而活跃不已，从年龄来算，它们都算是你的先祖，如今寄居在你的身体里，帮助你消化食物，也控制着你的情绪和行为。

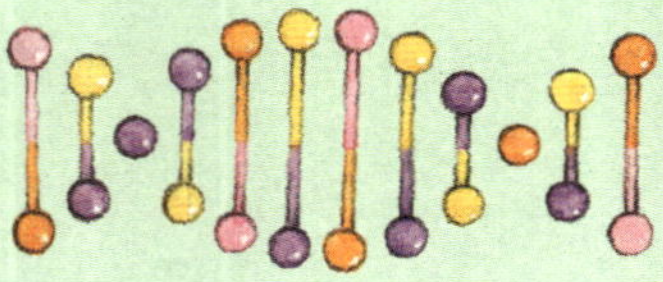

生命实在是太奇妙了，我已经迫不及待地要和你分享

你和它们的故事。世界实在是太广阔了，远到 40 亿年前，近到一秒钟之前，每一个时间刻度上都有说不完的故事，每一个地方都有神奇的事情发生。

你准备好了吗？这就和尹哥、小华、小宁、小 D 一起出发，开始这段有趣的旅程吧！

人物介绍

尹哥

作者尹烨的科普形象，睿智幽默的青年生命科学科普达人。

小宁

爱好生物的女生，细心认真，爱追根问底，有时候会有些害羞。

小华

对一切新事物好奇的男生，勇敢好学，爱动手帮忙，有时候会有些粗心。

小 D

生命科学智能机器人，能瞬间读懂每个生物基因组成，存储了现有生命的全部科学知识，有构建虚拟场景的超能力。

序曲

我们为什么不一样？

我们生而不同，无论是外貌、性格，还是习惯、喜好都不一样。正如“世界上没有两片相同的叶子”，世界上也没有绝对相同的两个人，即使是双胞胎也并非完全一样。

为什么我们会如此不同？答案便在基因里，甚至可以说，是它塑造了一切细胞生物，塑造了我们。每一个生命都对应着一本神奇的书，与生、老、病、死有关的所有信息，都被记录在内，我们不妨称它为生命之书。这本生命之书可不是用中文写的，它的语言体系叫碱基，碱基有A（腺嘌呤）、T（胸腺嘧啶）、C（胞嘧啶）、G（鸟嘌呤）、U（尿嘧啶）五种，其中，A、T、C、G组成DNA（脱氧核糖核酸），A、C、G、U组成RNA（核糖核酸）。

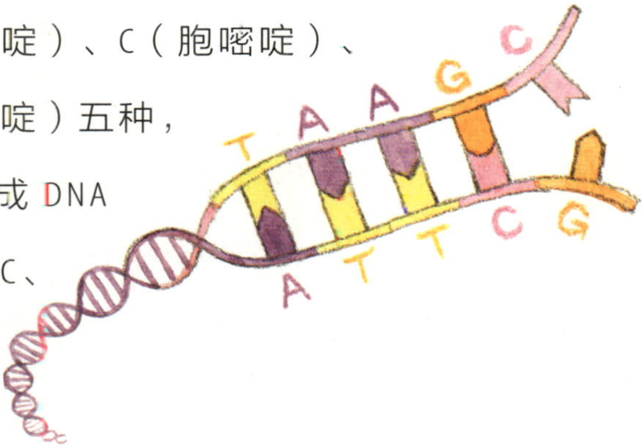

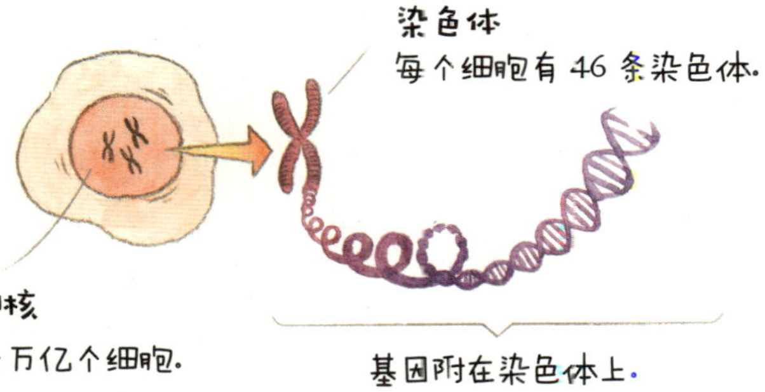

如果把生命比喻成乐曲，那么A、T、C、G就是乐谱，细胞则是演奏不同声部的乐手，生命体就是乐团。每时每刻，地球上都有新的生命乐曲奏响，也有乐团谢幕。

每支乐曲的风格不尽相同，比如苹果的听起来像摇滚风，香蕉的或许像古典乐，拟南芥和线虫的类似于童谣，而代表我们人类的，则是交响乐。

A、C、G、U这四种碱基，可以构成64个遗传密码子，共合成20种氨基酸。这20种氨基酸帮助人类合成所需的蛋白质，维持生命的正常运转。

A
T
C
G

差点忘了介绍，我们人类的近亲有黑猩猩，远亲那可就多了：公园里的某棵树，树下晒太阳打盹的猫咪，树干上一步一步努力往上爬的蜗牛……如果我们能穿越到远古，甚至穿越到地球生命诞生之初，就会发现，孕育了世界多样性的，是在酸性海洋里悄然生长的有机物，它们正努力适应环境，孕育生命。

漫长的数十亿年过去，
在这颗蓝色星球上，生命来来往往。

有时上一刻还繁盛着，下一刻便离开了，
再也没有回来。

或许，
在不远的未来，它们有可能回来。

复活申请处

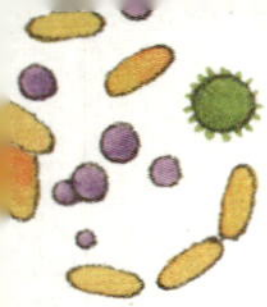

目录

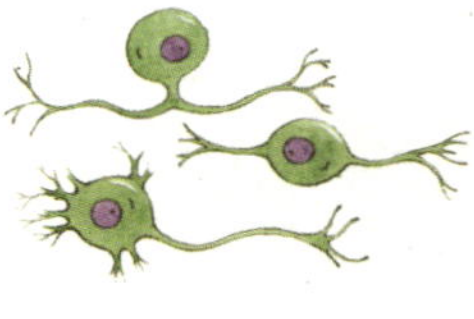
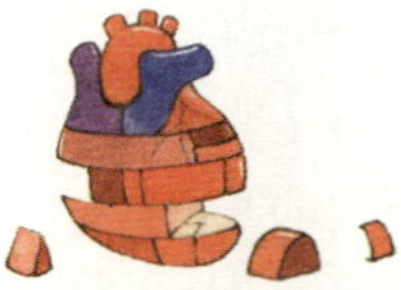

MAOA
MAOA

CDH-3

天赋基因
检测靠谱吗？

智商、情商、逆商……商商可测！
早来有优惠，迟到空后悔！
天赋基因检测
这个能信吗？
当然不能。

如果有人说，有办法知道每个人的天赋是什么，相信不少人都会好奇，都难以抵挡窥探“天机”的诱惑。就像多年前，人们热衷于做智商测试一样。

小华的妈妈在小的时候，就在父母的要求下做过智商测试。如今，她也相信天赋基因检测能预测孩子的未来。有人告诉她，只要采集小华的一口唾液，就能检测出小华近百种天赋基因，发现他真正擅长的事情，让他赢在起跑线上，继而走上人生巅峰。

小华的妈妈很激动，经人推荐，她为小华做了天赋基因检测，结果发现小华缺少运动天赋，但乐感很好，可以朝音乐方面培养。因此，她停掉了小华的足球和跆拳道课外兴趣班，给他报了长笛班和钢琴班。

知道了检测结果的小华很失落，他明明喜欢的是运动，而不是音乐。

“乐感很好”这个评估就像是孙悟空头上的金箍一般束缚着他。从此，他在踢足球的时候不再全力奔跑，打篮球时不再奋力跳跃，输了比赛也无所谓，进不了球时反复告诉自己，“看来检测结果是对的，我果然不适合运动”。

而在他据说“擅长”的音乐方面，他也提不起精神，不喜欢天天拨弄乐器。每天几个小时的练习，对活泼好动的小华来说，简直是漫长的煎熬。

本应帮助小华更好地发挥天赋优势的天赋基因检测，却夺走了小华原本的快乐。

每个人都有天生擅长的事情，只是有的人天赋藏得比较深，可能一辈子都没有被发现。音乐、体育方面是最容

易看出天赋的，比如：莫扎特 4 岁谱曲，6 岁巡演；梅西少年时便驰骋足球场，进球无数；博尔特百米赛跑创下难以突破的 10 秒内纪录……如果说天赋让一个人更擅长某件事，那么努力练习就是为了让人们展现出这种天赋。

可是，基因检测真的能发现我们的天赋吗？

我们得先来看看，科学家们是如何确定天赋基因的。

为了解天赋基因，有人为 1000 名运动员和 1000 名普通人做了基因检测。做检测的初衷是：既然运动员能力

突出，那他们不同于普通人的那些基因型，自然就是运动天赋基因了。

他们期待用这种办法找到运动天赋基因，作为评判孩子们是否具有运动天赋的标准。可是，天赋真的只与某一个基因有关吗？

在另外的研究中，人们发现，有的人具有运动员的特殊基因，但是他们并不擅长运动，这说明这类人的特殊基因只是构成运动天赋的一环而已。

不只是运动天赋基因，人们也热衷于研究智力基因，但这仍然只是小范围的研究。天赋与基因有关系，并不意味着基因决定了天赋所在。

那些指望通过天赋基因检测走教育捷径的父母得失望了，言传身教的培养比什么都重要和有效。退一万步讲，要测也得父母先测，因为基因是遗传的啊，父母难道不应该先检讨自己为什么没发展出基因里的天赋吗？

如果父母再说要带你去做天赋基因检测，请大声地告诉他们：天赋检测不靠谱，我的未来我做主！

干细胞：
看我七十二变

为大家介绍一下，这是我们身体里的魔术师干细胞。

雨后，尹哥带着小华和小宁在树林里散步，他俩不时问一些不认识的植物名称。

突然，小宁往后退了一步，惊叫道："啊，蚯蚓！"

小华不屑地看向地面："蚯蚓有什么可怕的？"可是当他看到地上的蚯蚓时也愣住了。准确地说，那是分成了两截的蚯蚓，更惊悚的是，它们都在扭动。

"为什么会这样？"小华惊叫道。

“你们以前可能没注意，雨后蚯蚓会从泥土里爬出来，有时候会被踩断成两截，但它们还会再长出来新的身体。”尹哥解释道。

“再长出来新的身体？”小宁不解地重复道。

“是啊，有的生物具有断肢再生的能力，除了蚯蚓，海星、涡虫也具有这样的技能。”接下来，尹哥边走边为他们解释这个问题。

身体断成两截还能再长出新的身体，触腕断掉也能长出新的，是不是让你联想到《西游记》里的孙悟空？它们强大到似乎能永生。大自然中有不少神奇的生物，海星、涡虫、蚯蚓都具有超强的复原能力，断肢再生不在话下。这一点，作为人类的我们只能自叹不如。

为什么蚯蚓这样的生物身体能够再生，人却不行呢？那就要问我们的干细胞了。干细胞是一类自我更新能力很强的细胞，具有无限更新能力和永生性。它可以分为全能干细胞、多能干细胞和单能干细胞三种。

当我们还是受精卵的时候，会一刻不停地分化着，逐渐从肉眼看不见的细胞，发育出脑袋、躯干、心肝脾肺肾等组织和器官，长成小婴儿的样子。其中起作用的就是干细胞。干细胞家族成员很多，为了人体正常运转，它们承担着不同的工作。如果没有来自外界的影响，这些已经分配好工作岗位的细胞，不会再回到干细胞的状态。这就是为什么我们没有蚯蚓的再生能力。

如果我们想要具有蚯蚓那样的能力，就需要让细胞重新回到干细胞的状态。

科学家们试着挑战这种不可能，他们试着让细胞重新具有分化能力。

2006 年，日本科学家山中伸弥教授取得了成功，并因此获得了 2012 年的诺贝尔奖。不过，目前这种技术的安全性仍有不确定的地方，还处在临床试验阶段。科学家们还发现，如果培养人体内存在的多能干细胞——间充质干细胞，它们就能够变成我们需要的肝细胞、心肌细胞、肌肉细胞、神经细胞等。

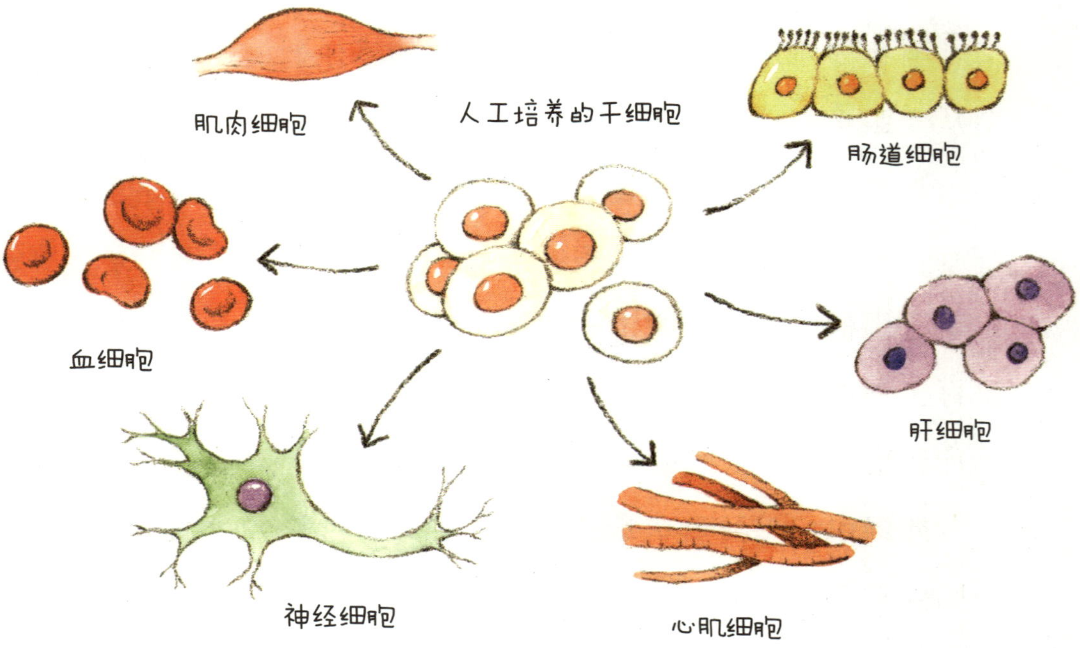

遗憾的是，这么好用的间充质干细胞，却会随着年龄的增长，在身体里变得越来越少。怎么解决这个问题呢？一个建议是：在小的时候就把间充质干细胞取出来保存好，方便以后使用。这些间充质干细胞大量存在于新生儿脐带血、胎盘以及儿童乳牙牙髓中。

如果小时候没有保存，成年后也有办法。成年人的骨髓、脂肪中都有这种干细胞，可以趁年轻提前保存。如果年轻时也没有保存，还可以提取皮肤真皮组织里的成纤维细胞，来诱导多能干细胞，方便自己使用。

“除了干细胞，我们还可以在年轻的时候保存一些免疫细胞，以防万一，未来可以用作免疫治疗。”尹哥解释道。

小华疑惑地问：“听上去好复杂。还有一点我不太明白，干细胞是怎么变成器官的呢？”

“干细胞就像是可以千变万化的乐高积木，可以通过紧凑的安装拼接搭建出人体的器官。比如，一位老奶奶心脏出现了问题，影响了健康，我们可以用 3D 培养、3D 打印等技术，把她的干细胞培养成一个心脏。其他器官也是一样。”尹哥回答。

人造器官

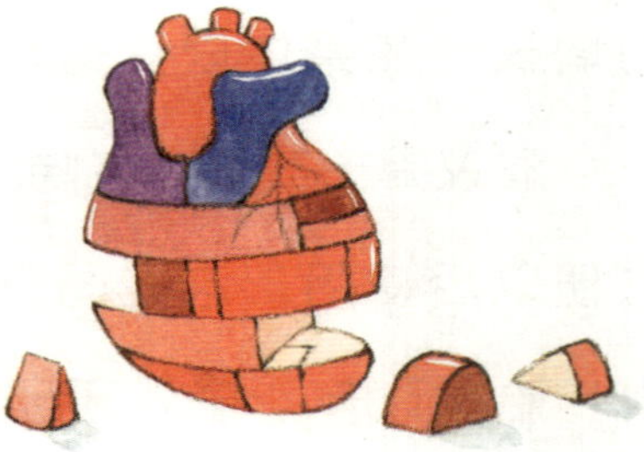

拼出心脏

“尹哥，我陪妈妈去过美容院，一位阿姨让妈妈在脸上注射干细胞，说这样可以让皮肤变好。这是真的吗？”小宁问道。

尹哥立即回答：“请告诉你妈妈，现在这么做还不足

够安全，即使在专业的医疗机构，这项技术也还在研究中。往脸上注射干细胞，原本是为了让皮肤变好，可干细胞的增殖和分化不容易控制，如果它们增殖过多，可能会让皮肤变得凸起。更严重的是，如果干细胞的分化停不下来，甚至有可能导致癌症。”

小宁吓得脸都白了：“我要赶快回去告诉妈妈，不能贸然注射干细胞。”说完，她转身跑出了树林。

小华和尹哥看着她的背影笑了，尹哥接着说：“相信随着科学的发展，干细胞不仅能让人变得更健康，还能让人变得更美。这样的未来不远了。”

小华说：“希望干细胞也能够让我爷爷好起来，不要忘记我。”

尹哥笑着说：“或许会有这么一天的。”

石先生还能站起来吗？

他的脊椎受损了，是C7级别的颈椎完全性损伤。
颈椎骨（CRISTA）共7个，第一颈椎称C1，第二颈椎称C2……第七颈椎称C7，C7级别的颈椎完全性损伤是指第七颈椎的损伤，会直接导致躯干和下肢瘫痪。

尹哥和小宁、小华一起在树林里逛，突然，小宁说：“尹哥，那儿有个人！”

他们走近一看，一个人躺在地上，已经昏迷了。尹哥说：“快拨 120！”

昏迷的是名男性，因为不确定伤到了哪儿，大家没敢搬动他，只是守在他身边。救护车到了，尹哥不放心，就带着小华、小宁一起将他送到了医院。医生先对他的伤口进行了处理，又从他口袋里找到了身份证，得知他姓石。然后医生和尹哥交代了石先生的病情。

“他应该是摔断了椎骨，伤到了骨髓，经判断，是 C7 级别的颈椎完全性损伤。”医生说。尹哥明白，这意味着石先生的躯干和下肢已经瘫痪，可能没有机会再站起来了。

医生离开后，尹哥和小华、小宁送石先生到病房，等待他醒过来。

“尹哥，医生为什么说石先生再也站不起来了？”小华好奇地问。

“因为他的人体指挥系统被破坏了。”尹哥回答。

小华不解地追问：“什么是人体指挥系统？”

“这是个比喻的说法。我们之所以能跑能跳，是因为我们的身体里有一个精密的控制系统：大脑发出命令，脊髓传达命令，神经系统指挥身体组织器官来执行。石先生的脊椎受损严重，大脑发出的命令，脊髓和神经系统无法配合执行，所以他很难再跑跑跳跳了。”尹哥说道。

“不仅如此，虽然从外表看，石先生的身体是完整的，但他的腿脚感受到的冷热、疼痛等感觉，再也不会被大脑识别了。他的身体与大脑已经断了联络，俨然成了两个孤岛。”尹哥补充道。

“尹哥，我还是不明白，我们受伤了都能恢复，为什么石先生不能呢？”小华追问。

“因为石先生的神经系统受伤了，这几乎是无法恢复和再生的。就像树木被砍倒，我们只会看到年轮，而无法

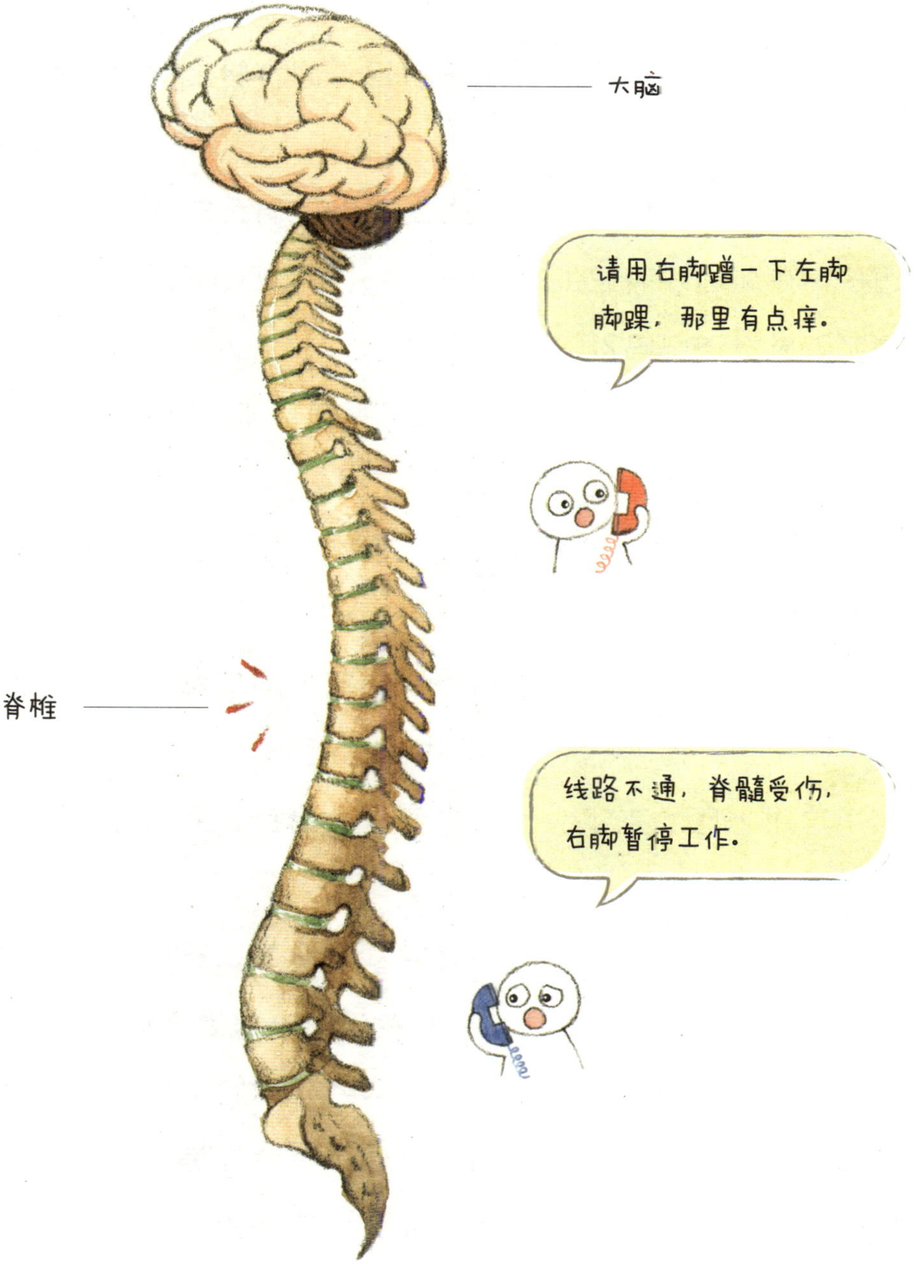
大脑
请用右脚蹭一下左脚脚踝，那里有点痒。
脊椎
线路不通，脊髓受伤，右脚暂停工作。

再看到这棵树长大了。”

尹哥解释完，小华和小宁对视一眼，脸上的表情都很凝重。

“水……”病床上的石先生发出了痛苦的呻吟。尹哥边按下病床边呼叫医生的按钮，边试着和石先生说话：“你醒了？感觉还好吗？”

石先生睁开了眼睛，发现自己躺在病房里，问道：“你们是谁？我为什么会在这里？”

“我们在树林里发现了你，把你送到了医院。”小华抢着回答。

“我想起来了。我在山上拍崖壁上的鸟窝，脚下一滑掉下去了。好疼啊……”石先生回忆道。

这时，医生来了。为了方便医生治疗，尹哥和小华、小宁退出了病房。

小宁紧锁着眉头，担心地问：“尹哥，石先生看起来还不知道自己不能再走路了，真的没有办法治好他吗？”

尹哥想了想，说：“我们的神经元细胞之所以难以大量再生，是因为它们已经高度分化了，就像烤箱已经设定成烘烤蛋糕的程序，那最后的成品一定是蛋糕，而不会是别的东西。不过，科学家们从未放弃研究让神经元细胞再生的方法，也就是重新恢复烤箱的设定，让它能烤出任何我们想烤的东西。”

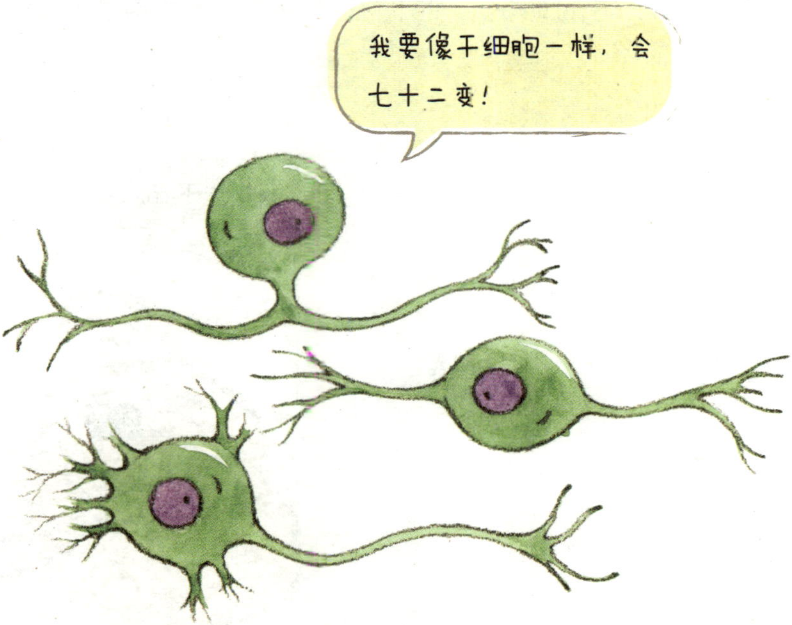

神经元细胞

小华和小宁似乎松了口气。这时，医生走了出来，去联系石先生的家人了。尹哥和小华、小宁再度走进石先生的病房，看到他正看着窗外发呆。好半天，石先生才发现尹哥等人，开口道：“谢谢你们替我叫救护车，要不然，说不定我已经不在人世了。”

“不用谢，祝你早日康复！”小宁马上接话道。

石先生苦笑了一下：“医生说，我很难康复了。”

“不要灰心，现在医学很发达，会有办法的。我看到瑞士有一项成功的研究，他们在一只猴子大脑里植入 Wi-Fi

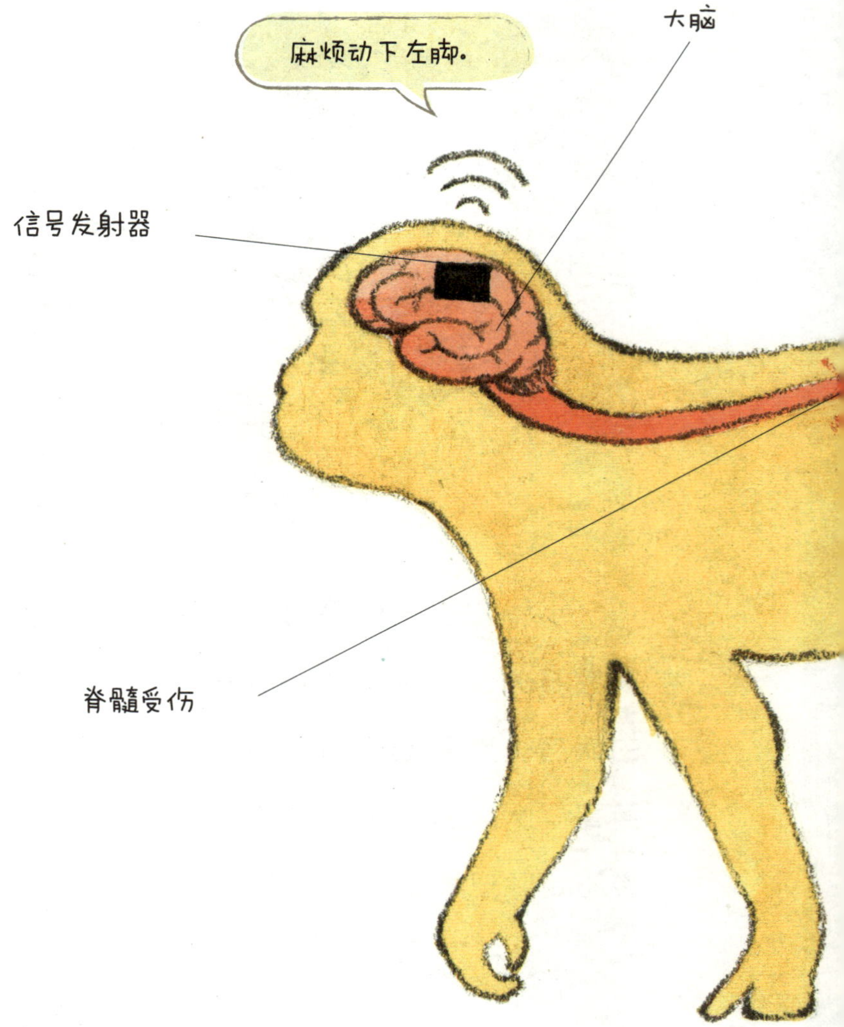

信号发射器，然后在它腰部植入信号接收器，建立了一个人工的信号系统。虽然信号有点弱，但这只猴子最后不仅重新站起来了，还能在跑步机上跑步。”尹哥故作轻松地说。

石先生的眼睛亮了一下，接着又黯淡下去了。“研究

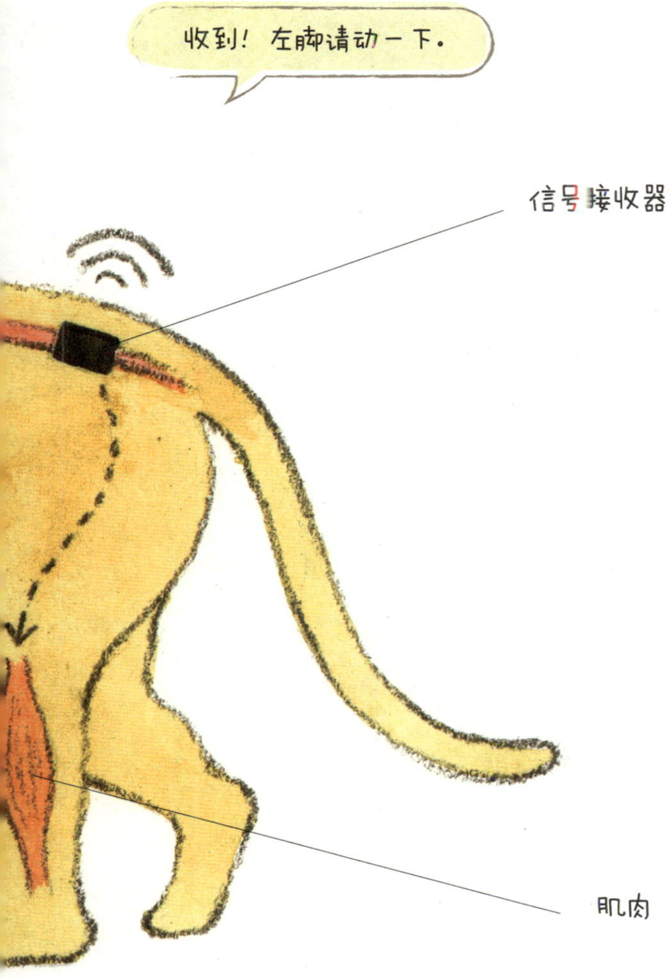

而已，不知道什么时候才能应用，而且肯定很贵。”

大家沉默了一会儿，小华激动地说：“对了对了，尹哥上次带我们去看的那个展览上有个机器人装备，穿上能够帮助人走路！”

“对，那是外骨骼机器人，穿上后可以走路。以色列、美国、日本都有公司在做，产品已经问世了。”这次尹哥是真的感觉到了一丝轻松。

石先生疑惑地问：“真的吗？”

外骨骼行走

“真的真的，不信你可以问医生。”小宁也活跃起来，似乎只要石先生点头，她立马会把医生拉到病房里来。

石先生又沉默了，但看得出来，他已经平静了许多，不再看着窗外，而是在思考着什么。

这时，病房门忽然开了，拥进来许多人，他们都是石先生的亲人和朋友。

“你怎么样？谢天谢地，

你还活着就好！”

他们安慰过石先生后，纷纷握住尹哥的手，表达感谢。尹哥向石先生告了别，走出了病房。

回去的路上，小华和小宁一改往日的活泼，都有些沉默。

“你们看到石先生的家人了吗？他们没有沉浸在石先生受伤的悲伤情绪里，而是因为他还活着而欣慰。”

“他们不想石先生伤心，就像上次我的手摔骨折了，妈妈安慰我一样。”小华说。

“不只是这样。只要活着，一切就有希望。相信随着科技的发展，石先生有机会再站起来。但如果他不在人世了，那么就连这一丝机会都没有了。”尹哥说，“好好地活着最重要。”

小华和小宁若有所思地点点头，和尹哥一起慢慢地走远了。

病房里重新安静下来，石先生的家人有的去找医生了解病情，有的去洗水果，有的去张罗饭菜。这一刻，病房里只剩下石先生一人。他碰了碰毫无知觉的双腿，将目光重新投向窗外，眼神中充满了期盼。

一起来玩
DNA 生命拼图

我们是三只小猪!
我是爱丽丝!

当你读完一本书，是不是想给别人讲讲这个故事？讲得多了，你是不是还会改一改故事，比如，把爱丽丝梦游仙境和三只小猪融合成一个故事？

科学家们也是这样，他们能够读懂基因序列之后，就想要试着动手去改造一番了。

不要误会，他们不是要制造出什么怪物，而是要制造已有的生命物质。比如，需要在动物体内才能合成的牛胰岛素，中国科学家就通过人工的方式制造出来了，这可是第一个人工合成的蛋白质。

慢慢地，科学家们开始尝试把某个基因添加进另一物种里。比如，为了避免非洲儿童因为缺乏维生素A视力受损，而培育出富含维生素A的黄金大米。毫无意外，他们成功了。

而这一切的基础，是我们已经理解了生命的图纸，能够根据组成生命的元素来制造生命。

我们的生命活动离不开细胞，细胞的生命活动受到基因的控制。科学家们能通过人工合成的方式，制造出不同的基因功能模块，这就像我们玩拼图游戏一样，设计一些不一样的拼图块，就能拼出不一样的东西。

同理，这些有着不同功能的基因模块，能让细胞完成不同的任务。比如有的细胞成为“卧底”，它们潜入病菌的基地，发现并杀死病菌；有的细胞变身“运动员”，控制着人体四肢的运动。

只是做一些小拼图片，不能满足科学家们的好奇心。就像我们学书法的时候，往往从临摹开始一样，科学家们也想模仿生命构成，做出一样的来。

于是，病毒成为第一个被模仿的对象。2002 年，美国科学家采用人工的方式，合成了和真正的病毒具有相同功能的人造病毒。不过这个病毒还不能被称作独立的生命体，几年后，名为“辛西娅”的人造支原体的诞生，才能让我们大声地说，人类已经合成历史上第一个人造生命了。

科学家们并未满足于此。辛西娅是原核生物，也就是原始单细胞生物，而真核生物才是高级生命的起点。因此，酵母成为合成复杂生命的目标。

我们国家的科学家也参与了酵母合成计划，2017 年，美国学术期刊《科学》杂志上发表了重磅研究成果，称中国团队合成了 4 条染色体。2018 年，中国科学家把酵母的 16 条染色体合成 1 条，这意味着人类制造了一个全新的物种。

酵母之所以受到科学家青睐，是因为它的应用范围和潜力实在是太大了。比如，青蒿素是治疗疟疾的有效药物，如果从植物中提取，效率很低，数量很少。可如果修改一下酵母基因，把合成青蒿素的相关基因融入其中，让酵母像工厂一样生产青蒿素，不就可以大大提高青蒿素的产量了吗？这种技术就叫作生物制造。

科学家们真这么做了。这些新型酵母不仅能生产青蒿

素，还能经过改造用来生产其他中草药成分、抗体等人类需要的东西。而且，酵母的应用范围不仅限于医疗，食品、工业等领域都有它的身影。未来，酵母这座“食物工厂”生产的彩色啤酒、健康甜品等都可能面世，满足人们的各种期待。

在合成生命方面，我们缺的只是想象力。在合成生命时，科学家们会尊重自然规律，不会轻易制造自然中没有的生物。而那些科幻作品里的场面，未来都有可能实现。想象一下，你会选择合成什么样的生命呢？

我要酵母做的棒棒糖!

从基因上
能发现坏人吗？

本市破获特大犯罪集团案
能从基因上看出谁是坏人吗?
呃……

有时候，小朋友们喜欢简单地将人分为好人和坏人，容易对那些脾气不好、易冲动的人产生偏见，认为他们就是坏人。你是否也是这样呢？

小华发现，自己在先看到犯罪报道，再看到罪犯照片的时候，会觉得这个人看起来就是坏人。但如果先看到照片，就不会有这么明显的感觉。他知道存在偏见是不对的，但又时刻记得妈妈说的，要警惕陌生人，于是心想，要是有什么方法能判断一个人是不是坏人就好了。这不，又一次看到犯罪报道后，小华向尹哥请教，是不是能从基因上看出来一个人是不是坏人。

尹哥觉得小华提出了一个很好的问题，这个问题科学家们也思考和研究过。因为一些罪犯有着类似的性格特质，比如冲动、易怒等，科学家们就想，是不是他们天生就有什么与众不同的地方，让他们做出了犯罪行为呢？尹哥想起了一些研究，就和小华、小宁分享了这些故事。

芬兰的科学家针对 900 多名囚犯展开了研究。他们分析了这些囚犯的基因，发现有 10 次以上暴力行为的人，大都携带着两个变异基因。研究发现，这两个基因与情绪失控有一些关系，它们一个叫 *MAOA*，另一个是 *CDH-13*。

美国等国家的科学家也对这两个基因展开过研究，他们发现，这两个基因都能影响人的大脑。

MAOA 就好比大脑中的清洁工，负责疏通情绪的管道。这个基因要是发生了变异，就会开始消极怠工，不再做清扫的工作，情绪就会堆积在大脑中，人就会表现得格外易怒，期待释放情绪，容易做出过激行为。

而 *CDH-13* 就像一个交通警察，协调着脑细胞。它一旦发生变异，就会罢工，大脑信息传递就会发生混乱，让人做出一些不受控制的行为。

既然这么多研究都认为这两个变异基因是罪魁祸首，那我们是不是能凭借它们来判断谁是坏人呢？还是不行。

就像有的小朋友会对其他小朋友挥舞拳头，难道我们能就此认为所有的小朋友都会打架吗？显然是不能的。所以，这两个变异基因与犯罪之间的关系，显然不具有因果性。

另外，根据芬兰科学家的实验，并非所有暴力犯罪的罪犯都携带着这两种变异基因，那怎么能把它作为一个标准，来给携带这两种变异基因的人贴上坏人的标签呢？这对那些携带着这两种变异基因，但一辈子都没有犯过事的人来说，是不是有些不公平呢？

的确不公平，毛利人就曾跳出来反对过这种粗暴的判断方式。毛利人生活在新西兰，他们的祖先乘坐独木舟，漂洋过海来到新西兰这块辽阔的土地上生活，无愧于勇士的称号。许多敢于冒险的勇士体内，都携带有*MAOA*变异基因，这让他们敢于冒险，因此才有了新的容身之地。他们可不接受人们将他们的勇敢视为潜在犯罪行为，曾为此抗议过。

还有一位从事大脑神经研究的知名教授，曾公布过自

毛利人

己身上发生的一件事。

他在研究脑部扫描图的时候发现，自己的脑部结构与一个臭名昭著的罪犯的差不多。这让他很惶恐：难道这暗示着自己也可能是犯罪分子吗？更可怕的是，他进一步调查发现，自己家族中真的有过不少变态杀手。莫非他真的有犯罪基因吗？可是他在充满爱的家庭长大，热爱学习，积极向上，从来没有过犯罪的想法啊！

这位教授公布这件事，也是为了说明基因与犯罪行为之间，并不存在绝对的决定性。一个人是否会犯罪，还有不少其他的影响因素。只要有一个良好的环境，我们就有把握决定自己的未来走向光明的一面。相反，如果一个人从小被视作潜在罪犯，从而受到监管、歧视，那或许他真的会成为一名罪犯。我们极力避免的事情，却因为我们的行为而成真了，这实在是一件讽刺的事。

生活中，我们不应该随便给别人贴标签。比如，我们不应该觉得调皮的就是坏孩子，老实的就是好孩子，而应该动态地看待他们。一生很长，小朋友们都会成长，做了错事就改正，做了好事理应得到鼓励。我们应该努力帮助每一个人都成为善良的人。

MAOM
CDH-13

你最好的朋友
是微生物？

微生物
敬个礼呀握握手，你是我的好朋友。

这天，小华生病了没有去学校，小宁细心地把课堂笔记递给他："这是我帮你记的笔记，你病好了再看吧。"

小华感动地说："小宁，你真是我最好的朋友。"

尹哥听到后，笑着说："其实，你最好的朋友是细菌，特别是肠道菌群。"

"怎么会？"小华立刻反驳道，"我怎么会跟细菌交朋友？而且，什么是肠道菌群？我都不知道！"

"你不了解它们，它们可了解你，从你出生后就住进你身体里了。它们和你一起长大，知道你爱吃甜的还是酸的，知道你饿了还是饱了；它们还影响着你的想法、你的健康。你说，这算不算好朋友呢？"尹哥看到小华有些恐惧的表情，忍不住笑着逗他。

“到底什么是肠道菌群啊？”小宁也好奇起来。

“肠道菌群就是一群住在你肠道里的微生物，它们是个大家族，种类非常多，数量也非常多，大概是细胞的好几倍。尽管肉眼看不见，但要真算起来，在正常成年人体内它们可重达两三斤呢。”尹哥回答。

“它们从哪里来的啊？听起来脏脏的。”小华听到这些，感觉有些不舒服。

“微生物几乎无处不在，不能用‘脏’来形容它们。作为地球居民，它们可比我们出现得早得多。真要论起来，我们得称呼它们一声前辈呢！”尹哥笑着说，“当你出生后，因为吃奶和身体接触，妈妈身上的微生物会逐渐转移到你身上。大概一年后，你肠道里的微生物就和妈妈的差不多一样多了。不要小看这些微生物，它们每天都在帮你消化食物，调节情绪。不过，它们也有脾气，如果你暴饮暴食，或是吃些不健康的东西，它们分分钟让你肚子疼、拉肚子。”

小华说：“原来我拉肚子是因为它们啊。”

“一个人会比较喜欢吃自己家里的饭菜，比如妈妈做的菜，那也是因为肠道菌群习惯了‘吃’这些菜。所以，如果哪天你们发现自己想念妈妈做的菜了，那就是肠道菌群在提醒你‘快回家吃饭’。”尹哥补充说。

“那些小小的微生物居然还会干预我们的大脑？”小华惊叫。

“是啊，它们可霸道了，可以分泌化学物质，通过迷走神经建立一条肠道和大脑间的通道，有时候甚至能影响大脑。同时，它们也会保护大脑，使其免受其他细菌的欺负。不过细想想，如果没有这条通道，我们的身体调节能力就没有这么好，大脑也没有办法得到足够的营养。”尹哥说。

“这么说，我们还要好好照顾它们，要怎么做呢？”小宁好奇地问。

“其实，它们有自己的调节能力，我们尽力维持平衡就好了，比如培养良好的饮食习惯，不要吃太多甜食、肉类，要营养均衡。它们最怕的是抗生素，这会扰乱肠道菌群，影响我们的健康。所以我们生病的时候，不要轻易服用抗生素，或是打抗生素的针。”尹哥回答。

“要是它们的平衡被破坏了，自己调节不好，该怎么

办呢？”小华抛出了一个问题。

“这种情况确实会出现，比如超级耐药细菌进入了你的肠道，靠肠道自己调节是没用的，这时候就需要借助其他人的健康菌群了。

“我们可以把健康人粪便中的菌群放到病人的肠道中，帮助他恢复肠道平衡。虽然听起来不太舒服，但确实管用，这就叫粪菌移植，已经在临床上使用了。”

“国外还有‘粪便银行’，它接受健康人捐献的粪便，把它们存起来，当有人需要的时候可以领取使用。”尹哥说完，看着小华和小宁一副要吐了的表情，又补充了一句，

“这些粪便都会经过严格的检查，确保没有致病菌，不会影响健康。如果有人不想接受粪菌移植，也可以选择服用粪便药丸，试验显示，效果也不错。”

“天哪，听起来好恶心啊！”这一下，小华和小宁直接叫了起来。

“医生可不这么想，在治病救人面前，有效就好。”尹哥纠正道。

“可以这么说，肠道菌群是妈妈给我们的最好的礼物，母乳喂养除了能把我们的身体养得健健康康，也能够帮助建立健康的肠道菌群，帮助我们消化吸收，抵御疾病。它们是我们的健康卫士，也记录了人类代代相传的历史。”

小华和小宁点点头，开始好奇这些微生物到底是什么样子。

复活猛犸象，
总共分几步？

我还会回来的！

剑齿虎
猛犸象
哇哦！

看完电影《冰川时代》，小宁和小华正高兴地回忆着影片里的情节，还不时地模仿一下。说到好笑的地方，两人哈哈大笑。尹哥被他们的笑声吸引过来，和他们一起说笑起来。

“尹哥，影片里的猛犸象和剑齿虎好好笑，可是它们都灭绝了，好可惜啊。”小华说。

尹哥回答：“动画片里的史前动物看起来很有意思，可如果你真的面对它们，可是会被吓得不轻的。猛犸象和剑齿虎的体型都很大，尤其是猛犸象，成年的个体有5米长、3米高，能轻松占据你们家整个客厅。而且，它还有一对1.5米长的门齿，看着就很吓人。成年剑齿虎也有2米多长，牙齿就有12厘米长，被它咬住的动物，很少能活下来。”

“它们为什么会灭绝呢？”小宁问道。

“虽然猛犸象和剑齿虎都很凶猛，但也架不住同时期智人短剑长矛的围攻。要知道，智人脑力、体力、数量的快速发展和增加，可离不开肉食。不过，人类的猎捕并不是猛犸象和剑齿虎等动物灭绝的唯一原因，气候、环境等因素也起了非常大的作用。”尹哥解释。

“我知道，《冰川时代》里展示了，那时候很冷。可是，猛犸象好像不怕冷啊。”小华疑惑道。

“猛犸象的确不怕冷。它身上覆盖着厚厚的长毛，皮下脂肪厚达10厘米，亚欧大陆和美洲大陆那些终年冰雪覆盖的冰原、冻原等地带，正是它们的乐土。可是别忘了，冰期最终结束了，才有了今天的地球。当气温上升，冰川融化时，猛犸象、剑齿虎这些已经适应了寒冷环境的动物，因为没能快速适应新的环境而退出了历史舞台。科学家们一直有一个愿望，那就是让4000多年前消失的猛犸象复活，重新回到地球上。”

小宁和小华很兴奋：“真的吗？太好了！是像《侏罗纪公园》里复活恐龙那样吗？”

尹哥笑了：“别急，还只是设想呢。不过并不只是想象而已，可能性还是有的，至少比复活恐龙靠谱。”

“6500万年前，恐龙灭绝了，那时距离现在已经很久远了。要知道，DNA也是有保存期限的，过期了可就没有办法再读取了。像《侏罗纪公园》里从琥珀里的蚊子血中提取恐龙DNA，基本上是不可能有结果的。”尹哥下结论。

“因为猛犸象灭绝的时间离现在比较近，我们还是有可能成功提取它们的DNA的，当然前提是那些DNA保存得很好。除此以外，还需要有合适的卵细胞，以及合适的雌

性动物作为新妈妈，孕育猛犸象。”尹哥补充。

“这么多要求，听起来很难实现……”小宁小声说。

“科学家们曾经复活过符合条件的布卡多野山羊，如果猛犸象也符合这些条件的话，也是能够复活的。”尹哥乐观地说。

布卡多野山羊

剑齿虎

“那科学家们觉得猛犸象能符合条件吗？”小华问。

西伯利亚的冻土里有不少猛犸象的化石，它们的 DNA 已经被提取出来了，非洲象或亚洲象是它们的近亲，能够提供卵细胞。不过，谁来当猛犸象的新妈妈呢？这个问题难住了科学家。

科学家从猛犸象化石中提取DNA

“有的科学家想，不如编辑下猛犸象的DNA，让它们既具备猛犸象的特质，也兼具现代大象的特质，这样胚胎就能在现代大象体内孕育了。实际上，科学家们已经试着将猛犸象的基因片段插入现代大象的基因中，如果孕育成功的话，这些大象就能像猛犸象一样，在寒冷的冰原上生活。如果实在找不到新妈妈，可以考虑做个人造子宫，这就更方便了。不过，人造子宫目前还是一个难题。”

此时，小华和小宁的眼中已经满是期待。小宁还不忘问道：“猛犸象复活后，会对地球有什么影响吗？”

任何一个物种的消失或重现，都可能会对环境带来影响。猛犸象、剑齿虎等物种消失后，它们生活的冰原逐渐变得荒芜。如果猛犸象重现，它们的粪便将成为冰原上难得的肥料，或许会让植物更繁盛。同时，重达 10 吨的猛犸象在冰原上活动，可能会让冷空气进入冻土层中，气温降低，里面冰封着的巨量温室气体不会释放出来，或许会延缓温室效应。

“不过，讨论猛犸象复活的可能，和真的让猛犸象复活，可是两回事。我们要先想清楚，到底为什么要复活史前物种？如果只是为了娱乐，那大可不必；如果有特别重大的意义，也不会威胁现在的生态系统，经过实验后倒是

可以尝试。要知道，科学是严肃的，不可儿戏。要知道，相比复活一个过去的生物，我们更应该保护好目前的濒危动植物啊。”尹哥认真地说。

看尹哥这么严肃，小宁和小华也意识到，复活生物可

不是一件好玩的事，科学不是随便闹着玩的。我们如果想满足好奇心的话，还是在照片、视频里多看看它们吧。如果真有一天，猛犸象真的复活了，那肯定是科学史上又一件值得纪念的事。

后记

埋下种子，静待花开

说孩子听得懂的生命科学

奇思妙想 vs 踏实求知

我的童年时代是泡在书海中以及奔跑在田野里度过的。我的父母酷爱读书，印象中家里的藏书不下一万本。父亲在我年幼的时候就常给我讲《山海经》《西游记》，母亲则会挂着相机带我去拍花草，做标本。在能自主阅读后，我自然对《昆虫记》《本草纲目》等书兴趣盎然。不只乐于阅读，我还勤于实践。我着迷于生物的多样，鱼、乌龟、豚鼠、兔子、猫、刺猬……都是我家里的常客，养宠物的

过程中，我也收获了颇多乐趣。

回溯孩提时代，似乎我的人生选择，在那时候就打好了底色。

高中临近毕业时，我获得了多所大学的保送机会。我选择大连理工大学的原因，是它列了64个专业供我挑选，其中就有生物工程。

如果说童年对生物的兴趣与光怪陆离的想象有关，那么成年后走上生命科学的研究道路则源自踏实求知。

在华大基因工作期间，我读了博士，主持了不少科研项目，发表了40多篇论文。担任CEO职务后，我发起了不少公益计划，也开展了一些科普项目，为对生物科技感兴趣的朋友讲述科学故事。读者朋友中有不少小朋友，每次看到家长发来的肯定，我都欣慰不已。我和团队小伙伴们还常在中小学乃至幼儿园开办科普讲堂，孩子们的求知热情让我振奋，他们的知识面也让我惊讶不已，越发觉得科普是一件有意义的事。

在我小的时候，科普书的种类并不多，印象中只有《十万个为什么》《百科全书》是给孩子看的。到了我的

孩子这一代，我发现好的科普书多了许多，每每在亲子阅读时，那些优秀的科普书连我都看得很入迷，仿若童年重新来了一遍。但这些经典科普书大都引进自国外，不少科普大V推荐的少儿科普，绝大多数也来自国外。这也是我决定推出这套少儿科普的原因，我要让中国的孩子能看到本土原创的科普书。

在个人的成长过程中，我感受到，孩子的兴趣是能影响他的人生选择的。兴趣是最好的老师，如果说21世纪是生命科学的世纪，这100年里，中国的生命科学发展，有赖于几代孩子自发投身其中，希望有正在看这本书的孩子的身影。

静待花开vs拔苗助长

当孩子问你“我是怎么来的”时，你是怎么回答的？当孩子问你“为什么我们和蚂蚁不一样”时，你又会如何解释？与得到回答相比，学会提问是孩子更大的进步。在孩子问出有价值问题的时候给出同样有价值的回答，则是对父母更高的要求。

焦虑是现代父母的普遍心理。现代社会的精英教育模式与孩子出生便面临的竞争，不仅给孩子压力，父母也不轻松，恨不得让孩子样样精通，拥有十八般武艺。

事实上，生有涯，知无涯。孩子面对的是复杂而未知的世界，教会他如何与世界和自然平和相处，让他在俗世中感受幸福，是父母应该做的事。幸福感如何获得？比如求知探索，建立自信，找到兴趣所在，持之以恒地探索。

已知圈越大，未知圈也越大，求知不是单纯地学习知识，更多的是一种思维方式的锻炼，教会孩子从万变中找出不变，将未知变成已知，且不惧未知。

组成我们每个人基因的基石都是一样的，都是 A、T、C、G 四种碱基。你和万物相联结，和路边的野草是远亲，和鱼有 63% 的基因相似，和黑猩猩基因相似程度达 96%，和路人有 99.5% 相似的基因，遑论你的孩子，他们和你有

着最深的羁绊，最亲密的缘分。孩子的基因全从父母处来，但他们的人生却不受父母的限制。他们是自由的，是创造了奇迹的生命。

不要试图逼迫孩子对什么东西感兴趣。如果你想引发孩子对生命科学的兴趣，不妨自己先读这本书，然后化身尹哥，和孩子交流。相信孩子的问题会让你惊喜，你们之间的交流会让你惊讶。那是生命的神奇——一个弱小的、曾被全天候照顾的宝宝，脑袋里却藏着整个宇宙的奥秘。你会为此感到幸福。

沉浸式阅读

既然我立志要“说你听得懂的生命科学”，这个“你”，自然也包含孩子。在《生命密码》的知识点基础上，少儿版既做了难度上的简化，也用漫画的形式丰富了内容，以引发孩子们的兴趣，便于孩子们理解。

我们努力将每一个故事的发生场景化，让孩子们进入角色，沉浸其中，在体验中学习。

我们尝试为知识点配上漫画，通过视觉化效果既浅显又生动地传递信息。

相较于知识填鸭，我更倾向于互相提问和启发式地学习。我们把自己的思维放在和孩子的思维同一高度，平等地进行朋友式的沟通，激发孩子的内啡肽驱动性，让他由兴趣开始，去自发地学习。毕竟，科学也并非永远正确，但科学的价值就是让人类的认知在不断被推翻中前进。

故事里的小华、小宁，可以是我们身边每一个脑袋里装着十万个为什么的孩子。借他们之口，我们在问答中沟通，体会生命科学的趣味。如果你也有自己关心却没从书中得到解答的问题，欢迎在“尹哥聊基因”公众号留言告诉我们。

在我的想象中，会有那么一个早晨，当我老去的时候，有人敲开我的门，告诉我有多少孩子，是在童年的时候得到正确的引导，产生了对生命科学的兴趣，推动了生命科学的发展。这是世界的幸运，也是我的幸福。

谢谢你选择这套书，我们离“让生命科学流行起来”的目标又近了一步。少年强则中国强，当孩子对生命科学感兴趣，我仿佛已经看到了中国生命科学持续引领世界的未来。

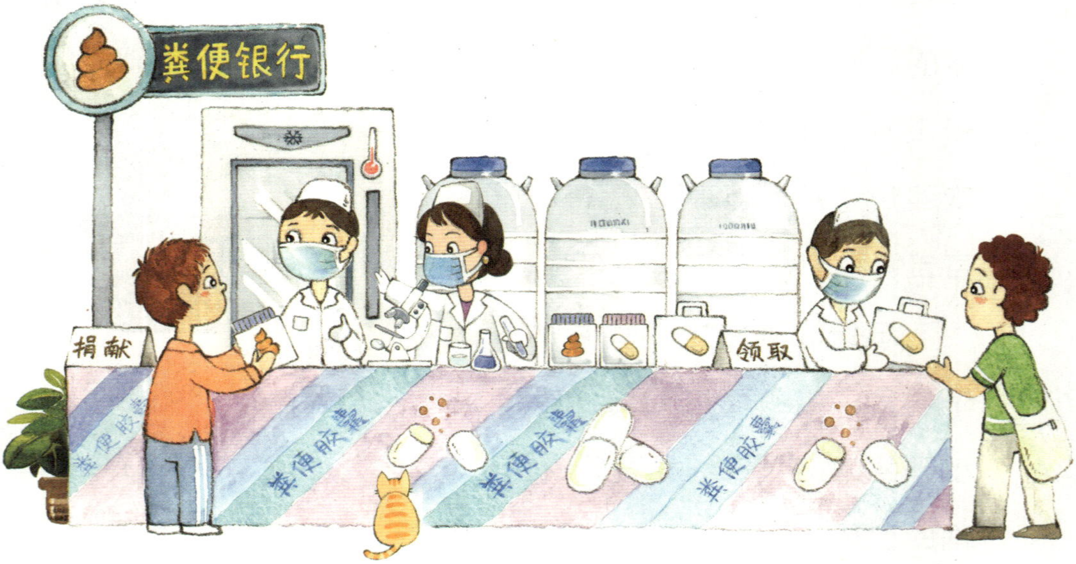